U0158987

大规模地震 预警系统

理论、技术与实践

王　暾　潘　臻　吴　军　伍良燕
林鸿潮　韦　瑶　刘顺章　王绪加 ◎ 著

西南交通大学出版社

·成　都·

摘 要

2008 年汶川特大地震导致了重大人员死伤和经济损失。汶川特大地震后，本书作者带领团队与地方政府和地震部门在中国率先突破地震预警技术、率先建立地震预警网，依据《中华人民共和国突发事件应对法》《中华人民共和国防震减灾法》开展地震预警服务，并将中国地震预警成果输出到尼泊尔、印度尼西亚，使得"中国智造"地震预警成果支撑了全球 6 个具有地震预警能力国家中的 3 个国家。本书总结了地震预警领域的系列技术创新、地方政府与地震部门对地震预警事业的支持和协同创新、手机电视地震预警服务对地震预警事业的推动、典型地震预警事件对地震预警事业的推动、媒体对地震预警事业的推动，以及地震预警领域的创新实践对相关法规政策制定和治理体系完善的推动。

图书在版编目（ＣＩＰ）数据

大规模地震预警系统理论、技术与实践 / 王暾等著
. 一成都：西南交通大学出版社，2023.4
ISBN 978-7-5643-9226-0

Ⅰ. ①大… Ⅱ. ①王… Ⅲ. ①地震灾害 – 预警系统
Ⅳ. ①P315.75

中国国家版本馆 CIP 数据核字（2023）第 066195 号

Daguimo Dizhen Yujing Xitong Lilun、Jishu yu Shijian
大规模地震预警系统理论、技术与实践

王 暾 潘 臻 吴 军 伍良燕		
林鸿潮 韦 瑶 刘顺章 王绪加	著	策划编辑 / 李芳芳 韩洪黎
		责任编辑 / 韩洪黎 李芳芳
		封面设计 / GT 工作室

西南交通大学出版社出版发行
（四川省成都市金牛区二环路北一段 111 号西南交通大学创新大厦 21 楼 610031）
发行部电话：028-87600564 028-87600533
网址：http://www.xnjdcbs.com
印刷：四川玖艺呈现印刷有限公司

成品尺寸 185 mm × 240 mm
印张 11.25 字数 236 千
版次 2023 年 4 月第 1 版 印次 2023 年 4 月第 1 次

审图号：GS 川〔2023〕71 号
书号 ISBN 978-7-5643-9226-0
定价 158.00 元

图书如有印装质量问题 本社负责退换
版权所有 盗版必究 举报电话：028-87600562

谨以此著

献给所有关心、支持地震预警技术发展的

各界人士!

序

一个善于从自然灾害中总结和汲取经验教训的民族，必定是日益坚强和不可战胜的。2008 年汶川特大地震后，在党中央的领导下，我国防灾减灾救灾工作与时俱进，特别是党的十八大以来，在以习近平同志为核心的党中央领导下，我国防灾减灾救灾工作，正在从注重灾后救助向注重灾前预防转变，从应对单一灾种向综合减灾转变，从减少灾害损失向减轻灾害风险转变。我国的地震预警技术从无到强、迅速发展，研发出了全球领先的地震预警技术、建设了全球最大的地震预警网、服务了全球最多的地震预警用户。一方面，中国地震局牵头实施了国家地震烈度速报与预警工程；另一方面，王暾博士牵头的成都高新减灾研究所及其合作伙伴瞄准国家重大需求，专注地震预警技术的研发和成果转化，在基于 MEMS 传感器、基于分布式计算的地震预警体系、地震预警网的建立和服务等方面先行先试，对推动中国地震预警事业起到了示范作用。更为可喜的是，2020 年中国地震局与成都高新减灾研究所签署合作备忘录，并授予成都高新减灾研究所为"中国地震局地震预警技术研究成都中心"，共同推进地震预警技术的完善、共同建设中国地震预警网，共同促进我国地震预警服务更加健康发展，为保障人民生命财产安全做出了积极贡献。

值此汶川特大地震 15 周年和第十五个全国"防灾减灾日"来临之际，王暾博士及其团队编写的《大规模地震预警系统理论、技术与实践》正式出版，值得祝贺。该书对于深入了解地震预警的技术体系、网络建设与服务，相关政策法规和保险，以及政府、部门、媒体等对地震预警发展的推动和实践等，具有较好参考价值。

习近平总书记强调，"人类对自然规律的认知没有止境，防灾减灾、抗灾救灾是人类生存发展的永恒课题。科学认识致灾规律，有效减轻灾害风险，实现人与自然和谐共处，需要国际社会共同努力。"我国灾害种类多、分布地域广、发生频率高、造成损失重，是世界上自然灾害最严重的国家之一。根据国家减灾委有关资料统计，全世界有记载的十大自然灾害中，在我国就发生 6 次，其中 3 次是破坏性地震，3 次是洪涝干旱灾害。进一步提升地震预警以及多灾种综合预警技术水平是我国防灾减灾的一项重要任务。而且，万事万物是相互联系、相互依存的。真心地希望王暾博士牵头的团队和更多的科研工作者坚持系统观念、不忘初心、百折不挠、不断探索，不断提升我国地震预警及多灾种综合预警技术水平，并通过各种大数据的不断积累和深入分析，不断向地震预报这个世界性难题和高峰发起攻坚，为全人类的防灾减灾事业提供更多更好的中国智慧和中国方案，为构建人类命运共同体作出积极贡献。

2023 年 4 月 26 日

闪淳昌：原国务院参事、国家减灾委专家委员会原副主任。

前言

2008 年 5 月 12 日 14 时 28 分，四川汶川发生 8 级特大地震，导致 6.9 万人遇难、37.4 万人受伤、近万亿元经济损失。2008 年 6 月 14 日，日本岩手县发生了 7.2 级地震，日本地震预警系统在震时提前 10 秒向周边民众和工程发出预警。

对于汶川地震，中国没有预报；汶川地震时，中国也没有地震预警。

汶川地震后，全社会在思考：地震能否预报？地震能否预警？为什么日本能够预警地震，而中国还不能预警地震？若汶川地震时，能够提前 10 秒预警会减少多少伤亡？我们能够从日本学习地震预警吗？能否从日本引进地震预警系统呢？中国能够研发比日本更先进的地震预警系统吗？中国能够建设自己的地震预警系统吗？若有地震预警系统，怎么做到地震预警信息充分传递到民众呢？在建立地震预警系统过程中，政府、地震部门、研究机构、企业分别扮演什么角色呢？民营科研单位在研究地震预警技术、建立地震预警网、提供地震预警服务方面能起到什么作用呢？

汶川地震 15 年后，地震预报技术在全球范围内仍然未能突破。

汶川地震 15 年来，成都高新减灾研究所在中国率先突破地震预警技术，助力中国地震预警取得了突飞猛进的进展：从汶川地震时中国无地震预警技术、无地震预警网、无地震预警试验、无地震预警应用到汶川地震 5 年后（2013 年）我国已具有全球领先的地震预警技术体系，2014 年已建成全球最大的覆盖 240 万平方千米、我国地震区 90% 人口的大陆地震预警网，自 2013 年首次预警破坏性地震至 2023 年已公开预警 76 次破坏性地震的 15 年间，已通过广播、电视、手机、专用接收终端服务各领域并取得减灾效果，使得我国成为继墨西哥、日本之后世界第三个具有地震预警能力的国家，我国无须再仰望墨西哥、日本等国家的地震预警技术。当前，地震预警理念逐渐深入人心，而且在这些成绩的支撑下，中国对地震预警、灾害预警的政策、法规、标准、产业已有了独立的深度思考。

2020 年，应急管理部党委委员，中国地震局党组书记、局长闵宜仁指出，要从中华民族的伟大复兴与世界百年未有之大变局的高度谋划推进地震预警事业。中国地震局及其直属机构也在技术、服务、政策法规等方面强有力地推动着地震预警工作。例如：自 2000 年前后就开始探索地震预警技术，在 2008 年汶川地震后就加大了地震预警技术的研发投入，2012 年在福建省率先建立了福建省地震预警网，2015 年立项国家地震烈度速报与预警工程，2018 年国家烈度速报与预警工程开启建设，川滇两省成为该工程的先行先试建设区，预计 2023 年年底该工程全面建成。

特别值得强调的是，中国地震局与成都高新减灾研究所为了民众早日收到预警，为了国家地震预警工作，积极进取、相互借鉴、相互促进，共同推动了地震预警技术研发、地震预警网建设、地震预警服务等工作。2020 年 11 月，中国地震局与成都高新减灾研究所签署合作备忘录，共建中国地震预警网，并以"中国地震预警网"名义服务社会；2020 年 12 月，中国地震局授牌成都高新减灾研究所为"中国地震局地震预警技术研究成都中心"。四川省地震局与成都高新减灾研究所在四川率先落实合作备忘录并取得显著成效。这些合作有力地提升了中国地震预警行业的合力。

这些成绩是贯彻习近平新时代中国特色社会主义思想的结果，是党的十八大、十九大、二十大精神指引的结果，是落实党中央"以人民为中心""树立安全发展理念，弘扬生命至上、安全第一的思想"的结果，是落实《中共中央 国务院关于推进防灾减灾救灾机制体制改革的意见》"把确保人民群众生命安全放在首位"的结果，是各级党委和政府领导、支持的结果，是各级人大、政协支持的结果，是各级组织部、科技部门、应急部门、地震部门、侨联、侨办、媒体支持的结果，是各级地震部门支持的结果。

　　目前，我国地震预警领域面临着如下机遇：一是地震预警全面服务社会、成为国家重大民生工程具有地震预警网作为基础；二是我国地震预警技术成果已具有全球领先的优势，既能够向全球展示我国防震减灾科技水平，又具有服务全球地震区国家的良好技术基础，目前已为尼泊尔、印度尼西亚等国提供预警服务，并有望更好服务于"一带一路"倡议和我国对外合作。

　　路漫漫其修远兮，吾将上下而求索。我国地震预警领域还存在的主要问题是：虽然我国已有覆盖我国地震区 90%人口的地震预警网，但是其地震预警信息未能通过广播、电视、手机、专用接收终端等充分传递到民众、工程，即地震预警应用的"最后一公里"尚未能充分解决，地震预警未能充分服务国家防震减灾。解决该问题，需要从机制、政策、法规、科普等方面着手，早日实现"下次大震，我们有预警"。

　　本书对地震预警理论，我国地震预警领域的技术创新，地震预警领域政策法规与保险的探索，基层政府和地方主管部门、媒体对地震预警事业发展的支持，典型地震预警案例，以及手机、电视地震预警服务对地震预警事业的推动等进行了全面介绍，展现了我国在地震预警领域的系列创新成效，可为我国多灾种预警体系的建设和服务提供参考。

　　鉴于中国地震预警事业正在快速发展之中，本文定有不完善、不完备之处，敬请读者批评指正。

王　暾

2023 年 3 月于成都

目　录

PART ONE

第一章

地震预警概述

一、地震预警简介

地震给人们的生命和财产造成了巨大损失。特别是 2008 年 5 月 12 日在四川汶川发生的 8.0 级特大地震，近 7 万人遇难，直接经济损失达 8900 多亿元。为了把地震带来的灾害损失减轻到最低限度，既需要做好建筑的抗震设防，也需要做好地震灾难前的地震预警、地震预报。

地震预警系统的原理是在一定地域布设相对密集（例如台站间距 15 km）的地震监测台网，在地震发生时，利用地震波与电波的速度差，在破坏性地震波（横波或面波）到达之前给预警目标发出警告，以达到减少人员伤亡和次生灾害的目的。地震预警的关键是利用地震波前几秒的数据准确估计震级、震中位置以及地震对预警目标的影响等。地震预警的科学原理很成熟，2008 年时，墨西哥、日本已开启了对民众、工程、工厂的地震预警服务。

地震预报（临震预报）至今仍然是世界科技难题，可靠的地震预报在全球范围内尚未实现。当前，地震预报是地震发生前由地震预测专家、行政决策专家等开会讨论的结果。目前，在中国，依法只有省级及以上政府才有权发布地震预报。

鉴于地震预报科技在全球尚未攻克，地震预警成为防震减灾科技的重要方向。地震预警可分为现地法地震预警和异地法地震预警，而地震预警系统分为通用地震预警系统和专为高铁或核电等重大工程建设的专用地震预警系统。除另有说明，本书不探讨现地法地震预警和专用地震预警系统，将异地法地震预警简称为地震预警系统。

地震预警系统含地震预警监测、地震预警信息产生、地震预警信息发布、地震预警信息接收与应用等通过秒级响应网络连接的四个环节。为了用地震预警实现减灾，四个环节缺一不可。其中，前三个环节组成了地震预警网（见图1.1）。具体来说，在地震危险区域布设高密度（地震预警监测仪器间距约15 km）的监测仪，监测仪将监测到的地震动的信息发送至预警中心进行分析和处理，预警中心在地震时秒级发布预警信息，用户接收预警信息并进行避险和紧急处置。

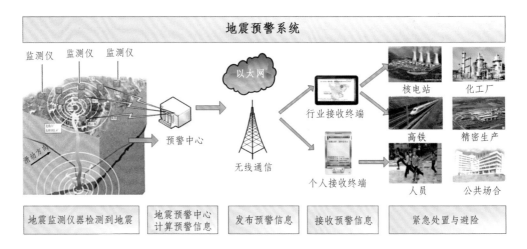

图 1.1　地震预警系统

地震预警信息包括五要素：震中位置、发震时刻、预警震级、预估烈度、预警时间。其中，前三个参数是地震的传统三要素，只是预警震级代替了地震震级，因为地震预警信息发出时，为了抢出预警时间，地震正式震级还未产出。当然，震中位置、发震时刻与地震正式参数也有一定区别，只是区别很小，可以忽略。

二、地震预警的减灾作用

地震预警能大大减少地震造成的人员伤亡和财产损失。中国地震专家理论研究（《西北地震学报》2000年12期）表明，预警时间为3 s时，可使人员伤亡减少14%；预警时间为10 s，人员伤亡减少39%；预警时间为20 s，人员伤亡减少63%。据此估算，如果汶川地震时整个灾区有预警，能减少2万～3万人死亡，即减少30%人员死亡，避免2万～3万个家庭的生死离别（见图1.2）。具体而言，与没有地震预警相比，地震预警能节省民众的反应、判断时间，缩短决策时间，有效增加人员避险时间（见图1.3）。

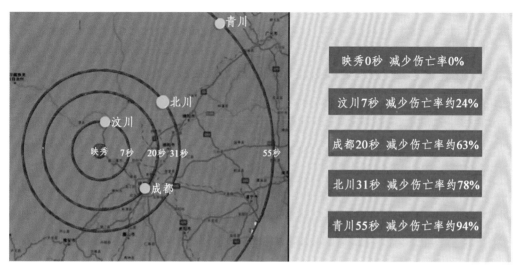

图 1.2　地震预警时间对伤亡率的影响

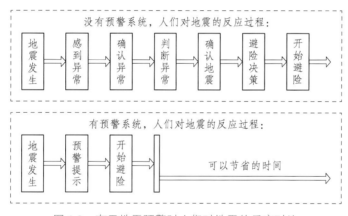

图 1.3　有无地震预警时人们对地震的反应对比

日本实时地震情报利用协会（REIC）对日本应用地震预警减灾效果的研究也表明，在破坏性地震波到达前 2 s 获得警报，死亡人数能减少 25%；提前 5 s，死亡人数能减少 80%。在实际地震中，日本地震预警的减灾效果明显。以 2011 年日本"3·11"9 级特大地震为例，日本民众收到几秒到几十秒的地震预警时间，及时采取避险措施，最大限度地减少了人员伤亡；新干线上所有 27 列高速列车收到警报后都采取了紧急措施，没有一列高速列车发生脱轨翻车事故；同时，燃气管线和核电站等重大工程都采取紧急关停措施，最大限度地减少了地震带来的财产损失。

地震预警系统提供的预警时间虽然只有几秒到几十秒，但对于减灾、避险而言是宝贵的。

（1）从震中的高烈度区到远离震中的低烈度区，地震预警依次具有帮助民众逃生、避险、安定人心和告知的功能（见图1.4）。

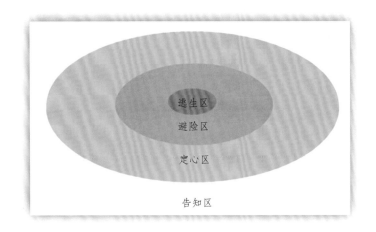

图 1.4　地震预警作用圈层（据成都市应急管理局肖压西）

①逃生。预估烈度大于房屋的抗震烈度，房屋可能破损，民众需紧急逃生。

②避险。预估烈度不会导致房屋坍塌，但可能导致家具、吊灯等倾倒、掉落，民众需紧急避险。

③安定人心。预估烈度不会导致房屋坍塌、家具与吊灯等倾倒或掉落，但房屋会轻微晃动，需要安定民众人心。

④告知。预估烈度为无震感，但告知民众或专业应急人员，地震正在发生。

其中，"逃生、避险、安定人心"是地震预警对民众的功能，而"告知"是地震预警对专业人员（例如应急管理部门的人员、媒体记者等）的功能。

（2）地震预警可以启动工程、工厂的紧急处置，减少次生灾害。例如，核反应堆收到预警信息后，可在 2 s 内采取紧急措施停止核反应；高铁收到地震预警后，可在几十秒内减速、停车；危险化学品生产线的 DCS 或 SIS 系统收到地震预警后，可紧急控制阀门等装置，让生产线处于安全状态，减少次生灾害。

三、地震预警的科学特点与五个属性

地震预警的科学特点是地震预警是全自动的秒级响应，其系统响应速度、可靠性等性能只取决于技术系统自身，需要通过技术、科普、行政、法规、保险等措施来控制或分担风险。基于该科学特点，社会力量与地震部门进行了积极的合作，走出了一条从下至上与从上至下的协同探索地震预警网建设、地震预警发布与服务社会之路，走出了一条社会力量参与地震预警服务之路，走出了一条建立中国地震预警服务之路，走出了一条中国地震预警服务全球之路。

地震预警的五个属性：科学性、公共安全性、公益性、商业性（产业性）、小概率性。值得说明的是，这五个属性也是其他自然灾害预警领域乃至应急科技管理领域的属性。因此，推进地震预警工作的方法、机制、法制也可以与其他灾害预警领域、多灾种预警领域相互参考、借鉴。

（1）科学性。地震预警系统是基于电波比地震波快、地震纵波比地震横波快的科学原理，利用秒级响应的地震波监测网来实现的。进行地震预警技术体系研发的院校与科技企事业单位是从事地震预警科学研究的主体。

（2）公共安全性。地震预警与其他防灾减灾事业都服务于公共安全。鉴于公共安全是各国政府的责任，体现地震预警公共安全属性的"点对面"服务的发布权，例如通过电视、手机的预警信息发布，需要政府统筹管理，包括授权。当然，对于地震预警的"点对点"服务，则可以在市场机制下，由地震预警服务者向被服务者"点对点"提供。

（3）公益性。各类公共安全服务，例如消防报警、洪涝预警、地震预警等，对于民众而言是各级政府提供的公益性服务，公益性服务的受益者是民众。例如，民众通过手机、广播、电视接收地震预警都应该是公益的。当然，值得说明的是，公益性并不表明服务就一定是免费的。例如，自来水、电力服务是公益性的，也是商业性的。

（4）商业性。指设备或服务的提供者在提供地震预警的监测设备和接收终端时，收取一定费用的行为。例如，学校、社区、工程、工厂等场所，需要安装专用接收终端才能让其大喇叭或自动控制系统在地震来袭时发出警报。因此需要这些场所的业主、所有者或管理者投入经费。这展现了地震预警的商业性。

因此，地震预警是兼具公益性和商业性的。商业性服务的提供者是企事业。由于规模化的商业就成为产业，因此地震预警产业属于应急产业的重要组成部分。

（5）小概率性。指破坏性地震在任何时间和任何省、市、县发生的概率都很小。由此，地震预警对任何个人也必将是小概率的。小概率性导致大部分民众难以在平时关注、关心地震和地震预警，需要政府组织力量持续科普地震预警的原理、有效性及避险措施，需要政府组织力量打通预警信息传递"最后一公里"。

四、全球地震预警简史

1868 年，美国的库珀（Cooper）提出地震预警概念。1990 年代，随着计算机技术、数字通信技术和数字化强震观测技术日趋成熟，地震频发的美国、日本、墨西哥等国开始研究、应用地震预警技术，并为中国地震预警技术的研发、应用提供了重要参考。

1. 墨西哥

墨西哥处在环太平洋地震带上，地震频发。1985 年墨西哥发生的 8.1 级地震促使该国开始建设地震预警系统。为此，12 台地震监测仪被布设在墨西哥格雷罗沿海地区。基于这些监测仪的地震预警系统自 1991 年起开始为 320 km 外的墨西哥城民众服务。近些年，墨西哥正通过新增监测仪、手机接收预警信息等方式不断完善该系统。

自 2014 年，墨西哥已有企业开始自行建设地震预警网，并向社会提供地震预警信息服务。无论是墨西哥官方的地震预警网还是企业的地震预警网，都发生了地震预警误报。

2. 日 本

（1）1960 年，日本新干线在全球率先建设了高铁沿线地震报警系统。1990 年，日本建成沿着铁路建设的地震预警系统 UrEDAS（Urgent Earthquake Detection and Alarm System）。日本也在东京地区、青函海底隧道等布设了近 30 套 UrEDAS 系统。在日本气象厅主导建立了全国性地震预警系统之后，日本铁路公司除了自建铁路沿线地震预警系统外，也接收日本气象厅的地震预警信息。

（2）日本自 2001 年开始建设基于 1000 个地震监测仪的覆盖日本全境 37.7 万 km² 的地震预警系统（日本称为紧急地震速报系统），并于 2007 年 10 月开始为日本全国的民众和工程服务。为了保障系统的有效广泛利用，日本还在相关法律中增补了地震预警条例，规范了广播、电视、手机运营商的职责和对气象厅的免责条款等。日本气象厅为日本地震预警系统管理机构，一些企业参与地震预警信息的服务。

2011 年 3 月 11 日, 日本发生 9.0 级特大地震, 地震预警系统给民众提前几秒到几十秒预警, 大大减少了人员伤亡。因此, 该地震后, 2011 年 9 月 27 日, 日本政府宣布将在日本国内所有中小学安装地震预警接收终端。这表明, 抗震能力远高于我国的日本仍十分重视地震预警系统建设, 甚至抗震设防做得很好的日本中小学仍然准备全面应用地震预警。

值得注意的是, 日本地震预警系统曾多次误报地震。例如, 该系统 2013 年 8 月误报 7.8 级地震, 2016 年 8 月 1 日误报 9.1 级地震, 2018 年 1 月 5 日又误报地震。日本地震预警系统的几次严重误报, 说明日本地震预警系统抗干扰能力差, 存在技术缺陷。这些缺陷表明其地震预警监测传感器、技术方案、建设模式、维护模式、地震预警信息的转发机制、技术改进的组织措施等都可能存在严重问题。当前, 日本仍然在持续提升地震预警系统的可靠性, 发展基于地震波动方程的地震预警新技术。

3. 美 国

美国是地震预警概念的提出者, 20 世纪 90 年代开始深入研究地震预警, 研发了 ElarmS、ShakeAlert、VirtualSeismologist 三种地震预警技术, 并研究基于 GPS 的地震预警技术。2012 年, 加州地震预警研究机构向志愿者和一些工程提供地震预警的试验性服务; 2019 年 1 月, 美国在洛杉矶推出手机地震预警软件服务; 2019 年 10 月, 手机地震预警服务延伸至加州; 2020 年, Google 开始内置地震预警功能到安卓系统服务美国。

4. 其他国家

罗马尼亚、加拿大、以色列等国家在汶川地震前就开始在研究、试验地震预警技术, 但是还未形成服务社会的能力。

五、中国地震预警事业发展简述

汶川大地震导致了重大人员死伤, 国家高度重视地震预警工作。《国务院关于进一步加强防震减灾工作的意见》(国发〔2010〕18 号) 明确提出, 要 "建成覆盖我国大陆及海域的立体地震监测网络和较为完善的地震预警系统"。中国地震局自 2000 年前后开始研究地震预警技术, 发表了一些科技文章, 但 2008 年汶川地震时,中国无地震预警技术，无地震预警试验网，无地震预警服务。

2008年6月，当中国民众还深深沉浸在汶川地震灾难的悲痛中时，日本发生了7.2级地震，日本预警系统提前10秒预警，减少了人员伤亡和次生灾害，该新闻给中国民众以巨大的震撼，也让中国民众感叹于日本地震预警技术的先进。因汶川大地震而于2008年7月成立的成都高新减灾研究所就是为了让中国具有地震预警技术、地震预警服务，以便让中国民众在地震灾难前收到预警，不再仰望日本地震预警技术。

在党和国家的高度重视下，科技部、国家发改委批准、支持了一系列地震预警和烈度速报科技和工程项目，包括2009年支持中国地震局的地震预警科技项目、国家地震烈度速报与预警工程项目和2010年支持成都高新减灾研究所的地震预警和烈度速报科技项目。2010年玉树7.0级地震后，中国地震局启动了国家地震预警项目的立项工作。中国地震局和成都高新减灾研究所成为中国大陆地震预警技术研发和地震预警网建设的骨干力量。另外，我国台湾省自20世纪90年代开展地震预警研究，建设地震预警网的机构包括台湾气象局和台湾大学。

经过多方支持，成都高新减灾研究所在中国率先突破地震预警技术，并于2011年发出中国首条地震预警信息。台湾大学在台湾建设的地震预警网于2012年6月开始运行，并自2014年开始面向中小学、民众提供地震预警服务。2016年5月12日，台湾气象局的地震预警已开始通过手机服务台湾民众。2012年，中国地震局下属的福建省地震局的地震预警系统取得进展，2018年中国地震局的国家地震预警项目正式启动建设。

值得强调的是，中国地震预警技术虽然起步较晚，但于2013年就实现全球领先（可靠性、响应速度都全球领先），于2015年、2019年先后出口尼泊尔、印度尼西亚，并帮助其建设地震预警网，使全球6个具有地震预警能力的国家中，就有3个国家采用了中国地震预警技术。

同样值得强调的是，汶川大地震发生在四川省，严重波及成都市。四川省和作为国家中心城市、省会城市的成都市，对于发展地震预警科技给予了大力支持，特别是对成都高新减灾研究所的支持，这些支持包括但不限于资金、政策、法规等。

PART TWO

第二章

地震预警的技术体系及系列创新

一、地震预警的核心指标

地震预警是基于电波比地震波快、地震纵波比横波快的原理，通过建立传感器间距约 15 km 的密集地震监测网，在地震波及用户前几秒到几十秒发出的警报（见图 2.1）。

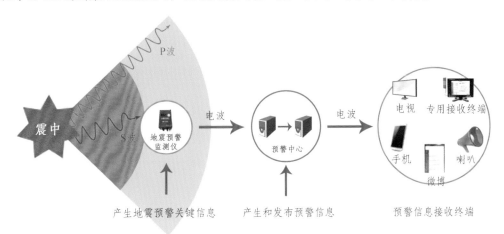

图 2.1　地震预警原理

地震预警具有全自动的秒级响应的特点，为了实现有效减灾需要满足如下 4 个核心指标：

（1）准。由于地震预警服务民众、工程、工厂等的公共安全，需要防止系统误报和漏报，而中国社会对于预警的误报、漏报的容忍度比日本低，需要更准确的地震预警技术。

（2）快。多一秒预警时间，就多一秒时间抢救生命，预警系统越快越好。

（3）广。地震预警网只能够对网内或网边的地震实现有效预警，由于在地震前不能知晓震中位置，可行的方式是将地震预警网覆盖所有的地震区（当然，可以优先覆盖人员密集的地震区）。由于中国地震区的面积大，地震预警网的监测仪数量是 5 倍乃至 10 余倍于日本地震预警网，中国地震预警网属于超大规模地震预警网。

（4）大。中国地震区人口、设施、工厂、工程的数量都远远超过日本，中国地震预警网的用户规模属于超大规模。

超大规模地震预警网的（准、快）指标是地震预警技术的核心技术指标，超大规模的预警网和用户会带来地震预警信息传递的及时性、安全性问题。

前 3 个指标使得中国地震预警技术体系更为复杂，基于第 4 个指标，加之相对日本民众而言，地震预警对中国民众是小概率事件、不易科普，各行各业应用地震预警需要不同的对策，中国地震预警科技服务社会还存在显著应用风险，需要从相对简单的、应用地震预警风险低的行业逐步推广到应用风险高的行业。

值得说明的是，2008 年汶川大地震时，全球仅墨西哥和日本有地震预警技术，且存在误报。因此，建立一套满足中国要求（准、快、广、大）的地震预警系统，意义重大。为此，需要进行技术体系的创新，以便满足这 4 个指标的要求。地震预警技术体系创新可从 4 个方面进行（见图 2.2）：一是监测体系创新，二是预警信息产出体系创新，三是预警信息发布体系创新，四是不同行业的应用对策体系创新。前两方面的创新是为了解决前 3 个指标带来的问题，后两方面的创新是为安全地解决第 4 个指标带来的问题。

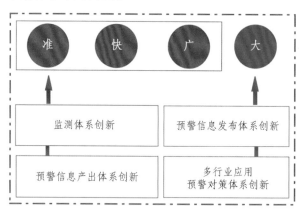

图 2.2　地震预警的 4 个核心技术指标及其需要的创新

本书作者牵头的课题组瞄准国家重大紧迫需求，围绕地震预警"准、快、广、大"4 大关键指标，在国家科技支撑计划、国家创新基金、四川省重大科技成果转化专项等支持下，历经汶川地震后 15 年"产学研用"一体化联合技术攻关，在我国从无到有建立了地震预警技术和服务体系，服务亿级民众、重大工程、国防工程的地震安全，使我国地震预警走在了世界前列。

本书作者牵头的课题组采取的总体思路是：2008—2014 年，在国内外地震预警技术研究及其应用的基础上，搭建地震预警技术框架，突破核心技术，在汶川余震区建立地震预警和烈度速报试验网，在汶川余震区试验改进和形成地震预警技术体系，开展地震预警在一些行业的应用，建立延伸到 31 个省（自治区、直辖市）的地震预警和烈度速报网、破坏性地震的预警和烈度速报试验、检验。在地震预警在各行各业的应用、在破坏性地震检验的基础上，不断完善地震预警技术体系，不断提升地震预警服务水平，确保地震预警系统的响应时间、盲区半径、震级均方根偏差、秒级发布能力等技术指标持续优化，实现更快、更准的地震预警新技术体系。同时，考虑到地震预警科技服务社会还存在多种应用风险，各行各业应用地震预警需要不同的对策，需要从相对简单的、应用地震预警风险低的行业逐步推广到应用风险高的行业。进一步地，鉴于地震预警和其他灾害预警的共性，可从地震预警技术体系延伸到多灾种预警体系。

二、地震预警五要素测定的基本理论

地震预警五要素是指地震预警系统测定的震中位置、发震时刻、预警震级、预估烈度与预警时间，是地震预警系统产出的核心参数。其中，前三要素与传统地震学的三要素（震中位置、发震时刻、震级）本质上是一致的，只是由于地震预警系统是在地震发生的几秒内利用震中周边的几台地震监测仪监测的数据进行测定，且地震刚刚发生、地震 S 波还未结束，预警系统只能给出预警震级，而不是地震的正式震级。作为参考，传统地震学是在地震 S 波结束后才测定地震三要素的。地震预警的后两要素（预估烈度、预警时间）是地震预警系统特有的而传统地震学不具有的，因为传统地震学是在地震结束后才测定地震参数的，此时不存在预估烈度、预警时间这样的带"预"的概念。后两要素对于地震避险、紧急处置是核心要素。由于测定地震五要素的文献比较多，本节仅简单陈述地震预警五要素测定的基本理论，更多内容可以参考有关文献。

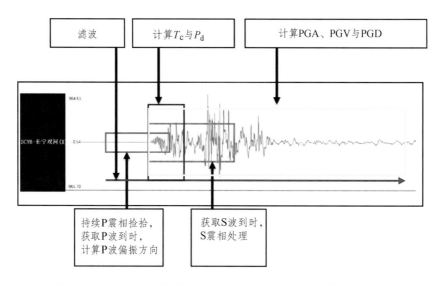

图 2.3　面向地震预警的单台站地震波形的预警关键数据的提取

1. 震中位置与发震时刻的测定

震中位置与发震时刻的测定是地震学中的一个基本问题。传统测震台网较为稀疏，台站间距可能在 50～150 km，需要较多的震相到时数据才能准确测定震中位置与发震时刻。这导致了测震台网测定地震三要素是在震后 1～10 min 左右完成的，其中自动速报系统的响应时间是 1 min 左右，而人机交互速报系统的响应时间是 10 min 左右。这么长的响应时间是达不到需要秒级响应的地震预警系统的要求的。

为了秒级测定震中位置与发震时刻，地震预警网较为密集，台站间距为 10～20 km。在这么密集的监测台网下，可以只利用震中周边的几个台站的地震 P 波到时即可秒级测定较准确的震中位置、发震时刻（从单个台站波形提取的一些典型信息，见图 2.3），甚至只利用一个台站的 P 波到时即可通过"着未着法"估测震中定位（见图 2.4）、发震时刻，且震中位置误差为台站间距的一半，即 5～10 km，已经能非常好地满足地震预警系统的要求了。当然，由于地震预警网在震中周边的多个监测仪会依次监测到地震波，各自的 P 波、S 波到时会依次获得，可以逐渐迭代计算震中位置、发震时刻。具体地，地震定位方法可采用单台站（配合其他未触发台站的 Vonorio 图）、双台站（配合其他未触发台站的双曲线定位）、多台站（配合其他未触发台站的带权值最小二乘法持续定位）持续定位，以逼近更准确的震中位置与发震时刻。例如大陆地震预警网的震中位置均方根偏差约 4.0 km，发震时刻偏差在 1.0 s 之内，满足地震预警用于避险、紧急处置的要求。

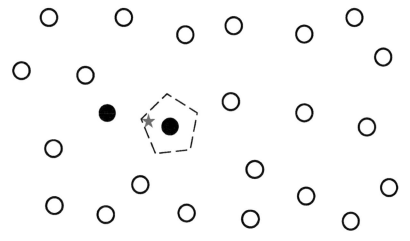

图 2.4　地震预警网的震中定位示意图

2. 预警震级的测定

传统地震学的震级是待地震结束后测定的，而地震预警系统为了抢出预警时间，是在地震 P 波刚触达震中周边的地震台站时几秒内即估测预警震级，此时甚至地震 S 波都还未到达台站，因此只能利用地震波的前几秒（例如前 3 s）的数据估测预警震级。多年来，估测预警震级的常用方法是 τ_c 和 P_d 法。

（1）使用 τ_c 进行预警震级的估算。

首先计算垂直分量上位移 $u(t)$ 和速度 $\bar{u}(t)$ 持续积分比例 r 如下：

$$r = \frac{\int_0^{\tau_0} \bar{u}^2(t)\mathrm{d}t}{\int_0^{\tau_0} u^2(t)\mathrm{d}t} \tag{2.1}$$

积分区间为 P 波的前 τ_0 ，一般取 τ_0 为 3 s。根据 Parseval 定理，可以推出：

$$r = \frac{4\pi^2 \int_0^{\infty} f^2 \, |\hat{u}(f)|^2 \, \mathrm{d}f}{\int_0^{\infty} |\hat{u}(f)|^2 \, \mathrm{d}f} = 4\pi^2 \langle f^2 \rangle \tag{2.2}$$

式中，$\hat{u}(f)$ 表示 $u(t)$ 的频谱，而 $\langle f^2 \rangle$ 是 f^2 由 $|\hat{u}(f)|^2$ 加权平均后的值。因此，有：

$$\tau_c = \frac{1}{\sqrt{\langle f^2 \rangle}} = \frac{2\pi}{\sqrt{r}} \tag{2.3}$$

从物理意义上看，τ_c 是 P 波初始部分的特征周期。

$$\tau_{c} = 2\pi \times \sqrt{\frac{\sum \upsilon^2}{\sum a^2}} \tag{2.4}$$

统计表明，τ_{c} 越大，对应震级越大：

$$M_{w} = a \log \tau_{c} + b \tag{2.5}$$

式中，a 和 b 为常数，M_{w} 表示震级。

（2）使用 P_{d} 进行预警震级的估算。

P_{d} 定义为 P 波到达后 3 s 时间窗内经低通滤波后的位移幅值，统计表明，预警震级与 P_{d} 的关系为：

$$\log(P_{d}) = a + b \times M - c \times \log(R) \tag{2.6}$$

式中，M 为预警震级，R 为台站的震中距。

实际的地震预警系统，可以采用融合 τ_{c} 和 P_{d} 方法的来估测预警震级。

值得强调的是，鉴于地震预警系统的主要任务是在地震波尚未波及目标区之前估计出预估烈度、预警时间，地震预警系统的响应时间需要为秒级。这使得预警系统仅能利用震中周边有限台站的有限初始记录数据，即震中周边台站的地震波数据。这引起了测定预警震级的理论困难，因为破坏性地震的破裂过程非常复杂，有时破裂过程会达到数百甚至上千公里，破裂持续时间为几十秒甚至上百秒，在破裂尚未结束前的震中周边台站的地震波信息不可能携带整个地震的信息，导致地震预警系统从理论上就不能准确测定震级，导致预警震级一定有偏差。

3. 预估烈度的确定

为了计算预估烈度，需要基于地震预警系统测定的震中位置、预警震级与用户所在经纬度通过烈度衰减关系进行，见式（2.7）。

$$I = a + b \times M - c \times \log(R) \tag{2.7}$$

式中，I 为预估烈度，a、b、c 为常数，R 为用户所在地的震中距。

进一步地，虽然预估烈度还与断层方位、地震破裂方向、地质条件的非均匀性和各向异性等有关，但是由于地震预警系统是为了紧急避险与紧急处置，允许的预估烈度偏差在 0.5～1.0 度，初步估算地震烈度可以不考虑破裂方向、断层方位等参数。当然，为了更准确估算 6.5 级以上大震的预估烈度，国内外已有研究秒级测定地震破裂方向，进而校正预估烈度的系列工作。例如，大陆地震预警网在预警 2013 年四川芦山 7.0 级地震时，在地震发生的第 9 s 即测定破裂方向为西南。

4. 预警时间的确定

为了计算预警时间，即地震 S 波从震中波及用户所在地点的时间减去地震预警系统的响应时间，需要基于地震预警系统测定的震中位置、发震时刻与用户所在经纬度按照地震波走时表进行。进一步地，虽然预警时间还与地质条件的非均匀性和各向异性等有关，但是，由于地震预警系统是为了紧急避险与紧急处置，允许的预警时间偏差在 1 s 左右，初步估算预警时间可以不考虑地质非均匀性和各向异性等参数。可按式（2.8）计算预警时间 T_{eew}。

$$T_{eew} = T_p - T_d \qquad (2.8)$$

式中，T_p 为地震 S 波从震中波及用户所在地点的时间，T_d 为地震预警系统从地震发震时刻起算的系统响应时间。

5. 控制地震预警系统的误报漏报的方法

地震预警系统给出的预警时间只有 0 秒到几十秒，且预警信息需要秒级联动到社会方方面面的避险与紧急处置，需要严格控制误报漏报才能更好地发挥地震预警系统的减灾效果，同时控制风险。而地震预警系统是全自动系统，只能采取技术措施才能控制误报漏报。

（1）降低误报率的方法。

降低地震预警网的误报率的方法可以从单台站的波形数据识别与台站间数据的关联性等两方面进行。单台站的波形数据识别的主要方法就是基于频谱、波形幅值、波形斜率、波形持续时间等特征识别台站所监测的数据是地震波的概率。若判定不是地震波，就排除干扰；若判定是地震波，就继续进行双台站、多台站数据的关联计算。双台站、多台站数据的关联主要考虑的参数是地震 P 波到时的关联性、地震波形的相似性、τ_c 和 P_d 参数的一致性等。

（2）降低漏报率的方法。

由于 3.0 级以上地震总会波及几十千米，只要预警中心的服务器在实时运行，是难以漏报地震的。为了避免预警中心服务器不在线，可以通过预警中心服务器的异地实时在线双备份技术来确保即使是其中一个地方预警分中心的服务器停电或停网时，地震预警系统都能够产出并发布预警信息。

三、地震预警系统的总体技术方案

地震预警技术系统包含了地震预警监测台站、地震预警中心、预警信息接收和应用等构成部分。图 2.5 展示了地震预警系统中各个部件之间从传感器到预警接收终端的数据流程，其中地震预警中心实时处理传感器的数据，自动判断地震是否发生，自动测定地震参数，自动将大于阈值的地震信息发送到各类接收终端。

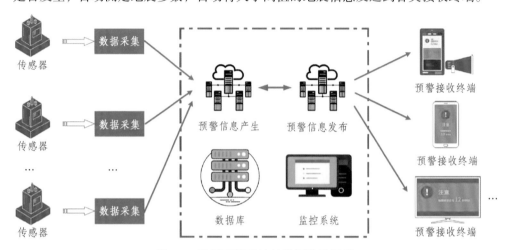

图 2.5　地震预警系统的数据流动逻辑

1. 地震预警监测台站

地震预警监测台站主要由观测房、地震预警监测仪[烈度仪（见图 2.6）、强震仪、测震仪]、通信及供电设备、防护箱等组成。值得说明的是，2008 年前的地震预警系统采用的是测震仪或强震仪，并无烈度仪。这是因为烈度仪是 2008 年之后由成都高新减灾研究所研制的。由图 2.7 可以看出，烈度仪具备了强震动数据采集、关键信息产生、通信、电源等所有功能。

2. 地震预警中心

地震预警中心的技术系统由数据流、命令、预警服务器，地震预警发布和烈度速报服务器，波形数据和烈度数据库服务器和各个服务器相应软件系统等组成（见图 2.8）。该技术系统是基于客户端/服务器（Client/Server）架构的计算机网络系统，采用了服务器冗余、路由冗余、网络冗余，并在 LAN 的建设上采用了高性能、大容量、高可靠性，并具有良好可管理性和伸缩性的软件架构，以满足预警中心的可扩展性。此外，地震预警中心还包括数据存储、处理、远程控制终端等设备。

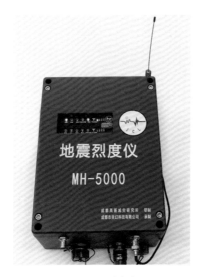

图 2.6 烈度仪

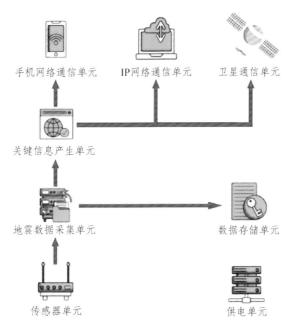

图 2.7 烈度仪内部逻辑

　　值得说明的是，地震预警中心的 3 套服务器（数据流、命令与预警服务器，地震预警发布和烈度速报服务器，波形数据和烈度数据库服务器）采用了异地实时在线双机双系统备份的方式。这是为了避免在只有单服务器组时预警中心由于各种原因不能正常运行，造成预警系统漏报。

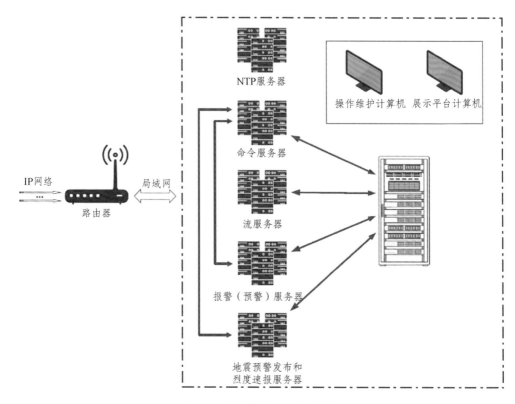

图 2.8　地震预警中心技术系统

（1）数据流、命令与预警服务器。

本服务器主要处理与烈度仪的实时数据流、命令交互，并通过分析烈度仪传来的地震预警关键信息，生成地震预警信息并传递给地震预警发布服务器。同时，转发与烈度有关的地震关键信息给烈度速报服务器。

（2）地震预警发布和烈度速报服务器。

本服务器的主要功能是地震发生后，以秒级速度通过多种实时信息链路与渠道发布地震预警信息以及后续地震烈度信息。

（3）波形数据和烈度数据库服务器。

本服务器存储地震事件波形和烈度速报相关的数据。仪器烈度也是由烈度仪在地震事件结束后立即计算、先行上报，而地震事件波形是在地震预警、仪器烈度上报后 1~3 min，由地震烈度仪再上传的。

地震预警中心具备开放式结构，可以与其他的数字台网中心进行数据交换，系统的信息发布通过互联网、手机网络、广播电视网络、应急值守系统网络等多种模式实现。

总之，地震预警中心服务器能够在地震发生时对地震波进行自动分析处理，估算出地震三要素和该次地震对预警目标的影响（烈度）和地震波到达的时间。具体地，地震发生时，地震监测仪器把采集到的数据传送给地震预警服务器进行分析处理，估算出地震三要素和地震预警信息[该次地震对预警目标的影响（烈度）和地震波到达的时间]，并通过计算机网络、手机网络或者卫星通信传输给地震预警信息接收服务器、各类客户端，并发出地震预警警报。

图 2.9 展示了地震预警和烈度速报试验系统实际运行时的台站分布及工作状态（左上）、数据实时流显示（左下）、地震预警输出（右上）、地震烈度输出（右下）。

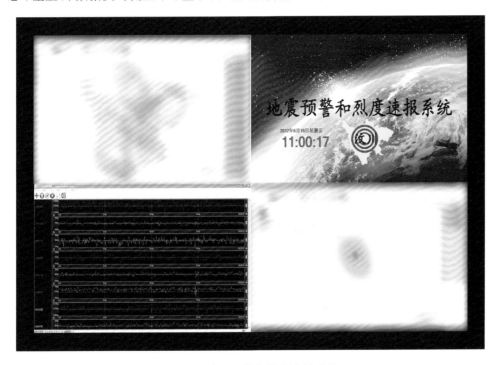

图 2.9　地震预警和烈度速报系统

平时，各个监测仪会将自身的运行状态通过网络传输到中心服务器系统，预警中心对整个系统的运行状态进行实时监控，以确保各个烈度仪和整个系统正常工作。同时，展示平台可以显示指定烈度仪的实时数据流。地震时，平台自动弹出地震预警信息；地震后平台开始输出自动烈度速报图，随后几分钟输出人机交互烈度速报图。

图 2.10 展示了大规模地震预警和烈度速报系统架构，该系统具有地震预警和烈度速报功能，包括地震预警监测、地震预警信息产生、地震预警信息传递、地震预警信息接收等 4 个环节，采用了分布式计算技术、大数据技术和云计算技术。

3. 地震预警信息接收和应用

只有地震预警信息被接收、应用才能发挥其减灾效益。鉴于地震预警信息服务对象包括民众、政府应急部门、工厂、工程等，不同类型的服务对象所需要的应对策略都可能是不同的，需要依据用户类型确定预警信息内容、接收方式和应用对策。本书作者团队对这几个方面进行了研究、创新和实践。

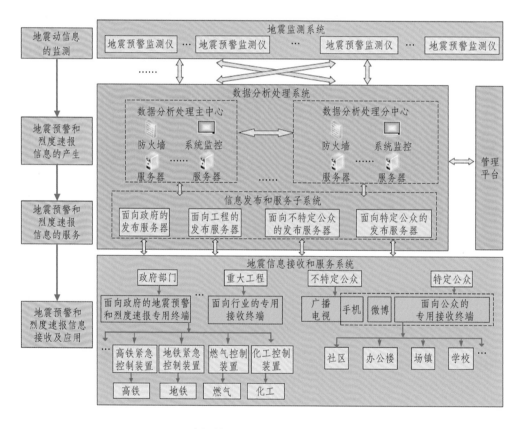

图 2.10　大规模地震预警和烈度速报系统架构

四、面向大规模地震预警网的地震预警监测关键技术体系创新

1. 基于地震波信息在台站现场处理的分布式计算地震预警技术

2008 年前，世界只有日本和墨西哥具有地震预警网服务社会。这些地震预警网的各监测台站的实时数据流需要实时回传到预警中心，中心再对这些数据流进行实时处理。由于各台站的实时数据流的数据量较大，需要采用以太网、光纤等传输形式。这种方式未必适合于 2011 年前后的中国，其理由包括：台网的建设和维护成本较高；台网建设速度较慢；在中国很多发生地震的地方都是山区，而在山区布设以太网或光纤都不一定方便、可靠。作为对比，2008 年，2G 手机网络基本上已经覆盖中国，作为公共网络其可维护性和可靠性都较高。

因此，作者团队研制了在台站处分析地震波形信息的烈度仪，对运行时的实时数据传输方式进行了整体优化，以在非地震时不向中心传送实时数据流，仅在地震时向中心传送地震波的特征信息，例如 P 波到时，波形是否为地震波的识别结果，以及 P 波其他特征参数等。这种方式的预警监测系统传送的数据量少，通信流量减少 10 倍。其附带的好处在于流量显著减少，提高了监测仪被震动触发时将地震动信息传送到中心的速度，通信延迟时间降低为约 1 s。作为对比，实验表明，若将每秒 100 点的地震动数据通过 CDMA 网络传送到中心，平均延迟在 7.9 s。值得说明的是，大陆地震预警网的建设是在 2010—2014 年期间，当时 4G、5G 移动通信还不普及。因此，提升地震预警监测仪的通信及时性，事实上还确保了 2G 手机网络于 2011—2014 年应用于地震预警就成为可能，为中国更早建立地震预警网起到了关键性的技术支持作用。

此外，基于地震波信息在台站处理的地震预警技术，还增加了系统可靠性，缩短了系统响应时间，降低了建设和运营成本。例如，本项目研究的地震预警技术系统响应时间约 5.8 s，国外预警技术最为先进的日本的系统响应时间约为 9 s。当然，该技术还使得各个监测仪的 CPU 的计算能力都得以充分应用，减少了对预警中心服务器的计算能力需求，可以减少预警中心的经济投入和维护费用，还可以优化地震预警的算法，使其在预警中心和台站得到更合理的运用。

进一步地，基于台站波形预处理技术的烈度仪仅仅在检测到震动时发送与预警相关的几十个字节的摘要信息，方便台站采用北斗卫星来提供卫星通信服务，因为北斗民用短报文一次仅能发送 120 字节数据。鉴于北斗卫星系统将为全球服务，我国地震预警技术系统也可通过应用北斗卫星而为全球服务。

2. 基于 MEMS 传感器的地震烈度仪

作者团队创新地引入了成本低、适合于地震预警的 MEMS（微电子机械）传感器，使得地震监测仪成本降低了 90%。

加速度传感器种类繁多，而一般应用于强震监测的力平衡传感器价格在 1 万元以上，与之配套的数据采集装置约 10 万元。这些传感器的噪声和频率特性完全能够满足地震预警要求。但对于地震预警而言，力平衡加速度传感器是否有必要值得探讨。为此，我们分析了其他加速度传感器是否能够胜任地震预警和烈度速报。

通过广泛调研，我们发现 2000 年左右快速发展的低成本 MEMS 加速度传感器能够满足地震预警的要求。该传感器的量程为在水平方向 $-2 \sim 2g$（g 为重力加速度）。这对于强震观测是足够的，也与一般的力平衡传感器一致；频带宽度可以做到 $DC \sim 80$ Hz，对于强震动观测和地震预警都是足够的。其主要问题在于，该型传感器的噪声大约在 $35 \times 10^{-6} g/\sqrt{Hz}$，在 $0 \sim 20$ Hz 频带下，噪声有大约 $0.3 \times 10^{-3} g$。作为对比，力平衡加速度传感器的噪声一般在 $0.01 \times 10^{-3} g$ 数量级。因此，$0.3 \times 10^{-3} g$ 似乎偏大。但是，在密集地震观测台网（例如地震预警观测台网）中，在震级大于 ML2.7 级时，一些地震的观测资料表明，P 波前 3 s 的峰值加速度可以大于 $3.0 \times 10^{-3} g$，这样信噪比可以达到 10 或以上。因此，该型 MEMS 传感器应用于地震预警就具备了可行性。

进一步地，$0.3 \times 10^{-3} g$ 的噪声主要对于地震预警 P 波到时的识别有一定影响。为此，我们优化了基于 AIC 的 P 波到时识别算法，使得信噪比在 5 时，P 波到时识别误差可以控制在 0.5 s 内。这样的 P 波到时识别误差在 5 km 以内，对地震预警信息来说，是可以接受的。

当然，噪声还会影响到预警震级的确定。对于 ML2.7 级或更大震级地震，加速度峰值一般将超过 $3.0 \times 10^{-3} g$。$0.3 \times 10^{-3} g$ 噪声造成的震级相对误差在 0.1 级。这对于地震预警是完全可以接受的。事实上，在地震预警中，造成震级偏差的主要原因是在预估震级时，S 波还未到达，不具有准确测定震级的 S 波信息，只能采用利用 P 波特征估算震级的经验模型，该模型造成的震级偏差就可能在 0.5 级左右或更大。

2011 年汶川地震预警网建成后，实际地震检验表明，对于大于 ML2.7 级的网内地震，该预警台网都能做出正确响应。因为采用创新的算法后，发震时刻、震中位置、震级等都得以准确确定，所以用 MEMS 传感器实现地震预警的技术可行性得以验证。

在实际工作中，MEMS 传感器被集成为地震预警与烈度速报监测仪（简称地震烈度仪或烈度仪）。作为参考，日本的地震预警在硬件上是用传感器+数据采集器+通信装置+预警中心+预警接收的模式。在数据分析上，则是将地震动波形数据流传送到预警中心后进行单台站数据分析和综合分析。本项目研制了将单台站数据分析前移到台站仪器中，并将传感器+数据采集器+单台站数据单元集成在一起的地震预警监测仪（地震烈度仪）。通过 2008—2010 这 3 年的研制，形成了同时具有地震预警和烈度速报功能的地震烈度仪（简称烈度仪），其传感器采用了MEMS 传感器。

基于 MEMS 传感器的地震烈度仪服务地震预警网的创新得到了国家发展和改革委员会（后简称国家发改委）的认可。2015 年 6 月，国家发改委批复中国地震局"国家地震烈度速报与预警工程"时，要求中国地震局采用 MEMS 传感器。由此，中国地震局 2010 年提出的基于测震仪、强震仪的地震预警技术方案，也就成为基于测震仪、强震仪、烈度仪的三网融合的地震预警监测技术方案。

3. 将地震预警监测仪安装在承重墙上的技术创新

将地震预警监测仪安装在承重墙的技术，显著缩短了地震监测仪器建设周期，同时降低了地震预警系统的运行和维护费用。

传统的地震监测仪器，为减少震动干扰，或者安装在井下，或者安装在专用的观测房的观测墩上。这些安装方式都会产生建设观测井或观测房的费用，这些费用甚至可能比购买地震监测传感器的费用还高。当需要对微震（震级小于 2 级）进行监测时，井下或专用观测房方案是必要的。但是，由于地震预警和烈度速报网只需要关心 3.0 级甚至 3.5 级以上的地震，就没有必要建设井下或专门的观测房了，而是可以利用现有的建筑，例如基层政府、村（居）委会办公场所或中小学的某个角落，来安装地震预警监测仪。

在利用现有建筑来安装地震预警监测仪的情况下，若地震预警传感器安装在地表，则可能干扰建筑业主的日常工作和生活。为了避免这些问题，需要考虑将地震预警传感器安装在承重墙上。

众所周知，墙体对于地震波有放大效应。为了减少地震预警监测仪安装在墙上对于地震预警的震级、发震时刻、震中位置等参数的计算误差，我们研究了墙体对于地震波的放大效应，并利用实际地震检验，发现当地震预警监测仪距离地面高度小于 30 cm 时，安装在墙上的传感器与安装在地表的传感器所给出的预警震级、发震时刻、震中位置的偏差是可以忽略的。并且，30 cm 的高度完全不影响建筑业主对于建筑的运维（例如清洁卫生）。

该创新被全面应用在大陆地震预警网的建设中（超过 8500 个地震预警传感器按照该方法进行安装），并被中国地震局采纳用于建设其地震预警网。而且，该技术还被全面用于尼泊尔、印度尼西亚的地震预警网建设中。

经过一系列创新后，本项目研究的地震监测仪安装在承重墙距地面 30 cm 处（见图 2.11）即可达到地震预警要求，不需为其建设专门的观测房。这一创新提高了地震预警网的建设速度，缩短了建设周期，降低了建设成本（仅为日本的 10%），同时使预警网运行和维护成本降低 80%。

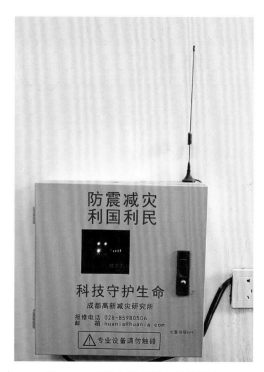

图 2.11　安装在承重墙上的烈度仪

4. 融合现地法和异地法的地震预警技术

现地法地震预警技术是指利用地震波的 P 波（6 ~ 8 km/s）和 S 波（3 ~ 4 km/s）的速度差，用 P 波预警 S 波；异地法地震预警技术是指利用电波比地震波快、地震纵波比横波快的原理预警 S 波的方法。融合现地法和异地法的地震预警技术吸收了现地法和异地法地震预警技术的算法、软硬件特点，实现了现地法地震预警技术和异地法地震预警技术的融合。该技术允许在预警盲区内仍然给人员通过 P 波与 S 波之间的速度差提供避险时间，加强了对盲区的服务能力。由于这种融合，成都高新减灾研究所在建设预警监测台站时，尽可能将其布设在学校内，未来可以使用融合预警技术为师生提供更及时的预警。

基于该技术，我们还研发了基于地震预警接收及监测综合装置的地震预警方法，研发了兼具地震预警监测和接收功能的地震预警系统，有效降低了现有地震预警系统中独立的地震预警监测台站和地震预警接收终端的建设成本和通信费用，同时降低了维护成本。此外，综合装置还有益于地震监测台站的维护、提高地震预警监测网的运行率，因为只有接收终端正常运行，用户才能在地震时及时收到预警警报。

另外，融合现地法与异地法的地震预警技术还可以消除地震预警的盲区。理论测算表明，如果地震预警监测仪的平均间距小于 6 km，监测、分析和预警信息产生若能在 3 s 内实现，对震源深度大于 10 km 的地震，地震预警网可以消除对地震横波的预警盲区，能够在极震区提供预警信号。

5. 基于加速度传感器的地震预警监测仪的位置变动识别方法

由于地震预警网的传感器多，需要持续 10 年或更长时间不间断工作，仪器损坏需要维修在所难免。为了避免新装传感器被不小心移动，或避免维修后的传感器被安装后被设定错误的经纬度，需要以技术手段保障地震预警监测仪的位置变动后仍然能够被地震预警网识别，并提示系统运维人员保证监测仪器的经纬度是准确的。

为此，在地震预警监测仪器内配置用于检测地震预警监测仪器所在位置处重力加速度的加速度传感器。地震预警监测仪器首次启动时，将仪器内加速度传感器检测的重力加速度设定为该地震预警监测仪器的重力加速度基准值。将重力加速度监测模块获得的重力加速度与参数设置模块确定的重力加速度基准值进行比较，如变化超出设定的允许范围，则判定地震预警监测仪器位置发生变动，禁止该地震预警监测仪器参与地震预警；反之，正常参与地震预警。

基于磁场传感器的位置变动识别方法是类似的。

6. 基于手机的地震监测预警网

每一部智能手机都自带 MEMS 加速度传感器，利用该传感器，每一部手机都可以成为一个地震仪，亿级数量的手机则可以通过通信网络组成超大规模、超密集的地震监测预警网。由此，人们不仅能通过手机接收地震预警信息，帮助自身避险、逃生，还能够帮助身处传统地震台站未覆盖的区域，第一时间监测到地震的发生，挽救更多生命。成都高新减灾研究所和小米公司共同研发的手机地震监测预警系统于 2021 年 6 月进入试运行。在当代中国社会，可以说有人的地方就有手机，因此就可以基于手机地震监测能力实现地震预警监测能力，从而实现"有人的地方，就有地震预警网"（见图 2.12）。该地震预警网的传感器数量可以达亿级，由于国产手机占全球手机产量的 50%，而且国产手机在全球范围内销售，因此，该技术有望支持建立面向全球的地震预警监测能力。

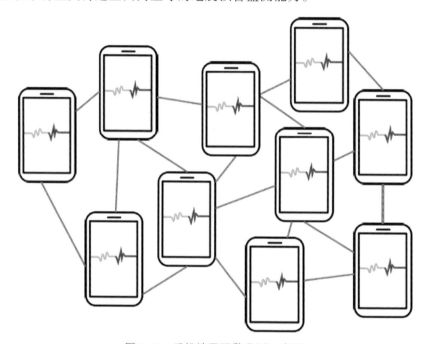

图 2.12　手机地震预警监测示意图

手机用作地震监测仪实现地震预警监测具有以下 3 个优势：一是手机的数量多。中国是全球最大的智能手机市场，远超国内目前安装的地震监测仪器的数量。传感器数量的显著提升，不仅可以提升预警网的覆盖面、精准度（原则上有通信网络、有智能手机的地方，就能实现地震监测预警），更有望通过高密度传感器解决消除地震预警网的预警盲区。当然，由于手机数量过多，需要采取一定的措施，例如随机抽取，限制参与监测的手机数量（见图2.13），以避免过多冗余信息。二是建设的硬件成本为零，可扩展性强。由于不需要建设专门的地震预警监测仪，地震监测预警网更容易从一个区域扩展到其他区域。三是运维成本低，不需要专门运维地震预警监测仪器，只需要用户打开手机开启相关功能即可。

目前，该功能在小米手机中已实现。在小米手机系统的"手机管家"中找到"地震预警"功能并加入"地震监测志愿者"，便可立即开启地震监测功能。开启该功能后，低功耗传感器感应到地震波后，系统通过AI算法快速测算地震信息，并第一时间将信息上传到中心服务器，中心服务器通过上传信息确认地震后，即向受影响地区群众发出预警，为更多人争取避险时间，保障人身安全。

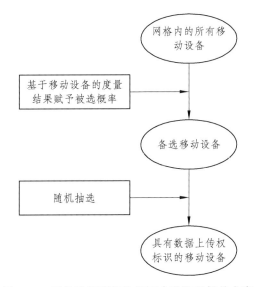

图 2.13　手机地震预警监测网中选取手机的方案

五、高可靠高速的地震预警信息产生关键技术体系

1. 控制误报和漏报的技术

地震预警与传统的地震监测有如下几点区别：地震预警的应用对象主要不是地震系统专业人员，而是民众和工程设施；传统的地震监测的响应时间要求是10分钟，而地震预警的响应时间要求是几秒；传统地震监测不需要在秒级时间让用户做出响应，而预警则需要；民众和工程设施一般对于信息的准确性要求更高。

因此，预警要避免误报和漏报，也要尽可能消除错报。

误报就是没有地震时，预警系统由于受到干扰等原因，错误给出预警警报的情况。漏报就是在有大于一定震级（例如 ML4.0 级）地震时，预警系统不给出地震信息的情况。前者会造成"狼来了"，而后者会使得用户不信任预警系统。这两者都需要避免。

误报、漏报会严重打击社会对地震预警系统的信心，既不利于地震预警成果的广泛应用，也会因为"狼来了"而使得民众收到预警后不积极响应预警。为此，误报和漏报都需要被尽可能排除。

采用大数据波形分类、机器的有监督学习等人工智能处理方法，对采集到的地震动波形数据进行波形识别研究，形成优化的人工智能地震波形识别技术。另外，作者团队通过利用地震波的传播规律和基于分布式计算的地震预警计算体系，研发了"单台站地震波形识别和基于人工智能计算的干扰识别""多台站间数据的时空关联""台站间地震波形相似度比照"等技术。这些技术共同控制了地震预警网的误报率和漏报率，有效消除了地震误触发和漏报。截至目前，大陆地震预警网持续 12 年无误报和漏报，明显优于日本地震预警系统的每 2 年左右会有误报的技术。

消除漏报则是利用一个基本事实：在较大震级（例如 ML2.7 级）地震发生时，在密集地震监测台网条件下，震中附近的多个台站将被触发，这些触发信息汇总到中心后，将给出预警信息。这些多个被触发的台站实际上就是对地震监测的多重冗余。多重冗余有效消除了漏报。

虽然墨西哥、日本的地震预警系统都在尚有误报的情况下应用得很好，但研究表明，中国民众对于误报、漏报的容忍度比墨西哥、日本民众低，中国需要地震预警网有更优的误报率、漏报率。自 2011 年持续 12 年无误报、对破坏性地震无漏报的大陆地震预警网是地震预警成果能够在中国推广应用的核心技术基础。

成都高新减灾研究所控制误报率和漏报率的技术，彰显了中国在地震预警领域的原始创新力和达到的技术高度。

2. 破裂特征秒级测定技术

破坏性地震，尤其是震级大于 6.5 级的地震，地层破裂是从起震点沿着断层方向单向或双向破裂的。由于多普勒效应，破裂前向的峰值加速度和峰值速度都比后向的峰值加速度和峰值速度大，前向区域会受到更为严重的地震灾害。例如汶川大地震中，北川距离震中二百多千米，但是其受到了巨大的地震灾害，而芦山距离震中更近，受到的灾害却要小得多，其中一个重要原因是破裂前向与后向的区别。

传统上，地震破裂方向一般需要震后用远震区的测震仪的数据解算，且一般需要在震后几小时才能完成。为了在地震预警中准确预估烈度，需要秒级实时测定破裂方向。我们突破了传统的在震后计算的方法，依据初始破裂及延展理论，利用密集强震监测网络，即地震预警网，基于多普勒效应，利用地震波形特征，研发了秒级解算地震破裂方向的技术，支持产出了更为准确的预估烈度，优化了地震预警技术体系。

例如，利用该技术，回放汶川地震的强震动数据，可以在地震后 12 s 测定破裂方向是沿着龙门山断裂带的东北方向。而依据芦山 7 级地震的地震预警网数据，破裂方向可以在地震后 9 s 测定为沿着龙门山断裂带东南方向。

3. 将预估与实测两种获取地 τ_c 震预警震级手段相结合进行地震预警震级计算的技术

在吸收使用卓越周期(τ_c)和 P 波前 3 s 位移(P_d)计算震级等方法(参考 Richard Allen\吴逸民的文章)的基础上，优化了地震预警震级逼近算法，使得地震预警震级收敛更准确、更快。进一步地，作者团队提出了一种将预估与实测两种获取地震预警震级手段相结合进行地震预警震级计算的技术。视情况采用地震震级预估公式和实测公式计算各台站的地震预警震级，将各地震波采集台站的地震预警震级的平均值作为综合地震预警震级，提升了地震预警震级的准确性。本书研究的地震预警技术在震后 10 s 左右发出破坏性地震预警震级的均方根偏差约为 0.37 级，满足地震预警服务社会和工程的要求。

六、面向超大规模地震预警网的地震预警信息发布关键技术体系

1. 基于不同特定行业特点的预警信息发布策略

针对不同行业的地震安全需要，我们研究制定了基于行业特点的预警信息发布策略。例如：对燃气管线来说，一般对微小震动不敏感，不需要警报预警，其发布策略是，当地震发生时，燃气管线所在地的预估烈度大于等于 5 度时，自动启动紧急处置。对精密制造企业来说，微小震动都是有危害的，其发布策略是，

当地震发生时，精密企业所在地的预估烈度大于等于3度时，自动启动紧急处置。对地铁来说，其发布策略是，地震应急响应程序从四级实用化到三级，即当预估烈度大于等于地铁建筑抗震设防烈度时，会造成破坏，为一级地震应急响应；当预估烈度小于地铁建筑抗震设防烈度但剧烈晃动、地铁可能脱轨时，为二级地震应急响应；当地震有晃动但造成破坏可能性很小，为三级地震应急响应。

为此，我们针对不同行业特点和发布策略，研究开发了基于大网络环境和优化预警信息发布架构的"优化的地震预警信息发布平台软件"，该软件具有以下功能：

（1）具备 1~3 s 向亿级用户中的超过千万级用户发布预警信息的能力。

（2）可通过优化的智能手机、广播、电视、微博、专用地震预警信息接收终端接收预警信息。

（3）发布的地震预警信息包括震源信息（震中位置、震级、发震时刻）、对目标区域的预估影响（烈度）和破坏性地震波到达的时间。该软件使用户在尽可能短的时间内准确及时地接收到预警信息。

2. 基于推送技术的灾害预警信息发布技术

灾害预警，包括地震预警是小概率事件，为了减少手机等便携设备用电和网络流量因为小概率事件而过高频度与预警中心"握手"产生的消耗，作者团队研发了基于推送技术的灾害预警信息发布技术。

（1）推送服务器接收灾害预警信息和/或其他推送信息，并判定是否为灾害预警信息；若判定为灾害预警信息，将经过分析处理后的、满足预警目标区域触发条件的、对应预警目标区域的灾害预警信息和对应预警目标区域的本地触发条件，按照对应的预警目标区域的推送控制策略，推送至嵌入于应用程序的、具有灾害预警功能的推送信息接收处理模块；若判定为其他推送信息，则将其他推送信息推送至推送信息接收处理模块。

（2）推送信息接收处理模块接收推送服务器所推送的对应预警目标区域的灾害预警信息以及对应预警目标区域的本地触发条件和/或其他推送信息，并判定是否为灾害预警信息；若判定为灾害预警信息，经综合分析处理获取本地灾害预警信息，对于满足对应预警目标区域本地触发条件的本地灾害预警信息通过多方式进行提示；若判定为其他推送信息，将其他推送信息转发至对应的应用程序，按照对应应用程序的要求进行处理。

基于推送技术的灾害预警信息发布系统可以应用于地震灾害、气象灾害、地质灾害等灾害预警信息的发布。

3. 面向亿级用户的秒级响应的灾害预警信息传递关键技术

作者团队优化了地震预警信息发布架构技术，研发了使地震预警发布服务器可以横向扩展的适合地震预警的秒级响应的发布系统架构技术，通过对面向广播、电视、手机的地震预警终端进行网络长连接保持，以大数据平台架构技术为基础，以云计算为支撑，利用先进的连接池技术，增强并发发布能力，实现了灾害预警信息传递渠道可秒级服务数亿用户。

针对灾害预警是小概率事件这一特点，研发了面向亿级用户的秒级响应的灾害预警信息传递链路关键技术，通过内置地震预警方式，将地震预警信息接入多种外部信息发布渠道，在政府授权下，通过统一的协议规范进行地震预警信息发布，打通了亿级用户灾害预警信息传递链路，实现了政府与社会力量的良性互动。

通过以上技术，与小米、华为、OPPO、vivo、TCL、康佳等企业合作，实现了对手机、电视的灾害预警功能的操作系统级接入；与四川广电、四川移动打通了灾害预警信息传递渠道，使电视地震预警延伸至四川所有市州（21 个）以及部分其他省市。目前，已打通了广播、电视、手机、"大喇叭"的数亿用户的秒级响应的预警信息传递渠道。

4. 面向亿级预警用户的可靠保持实时在线技术

地震预警信息需要传递到社会的每个人，才能够充分发挥地震预警的作用，因此，地震预警信息发布必然要支持超大规模的用户数量。为了能够将地震预警信息在秒级时间可靠地传递到用户，我们研发了基于边缘侧计算解析地震预警信息的技术，地震预警中心发出的信息为地震三要素信息，这些信息传递到用户端时，用户端的智能设备基于其经纬度解算预估烈度与预警时间，再发出预警警报。因此，通过边缘侧计算，显著减少了预警中心的计算量，更有利于服务亿级用户的地震预警。

七、地震预警信息接收与处置关键装备及技术

1. 面向手机的预警时间与预估烈度的展示方法

该方法突破了日本、墨西哥的手机地震预警在 2011 年时不具有倒计时功能的不足，率先在全球手机上提示预警时长和预估烈度。具体方法如下：

（1）获取手机所在位置的经纬度。该地理位置信息获取方式为通过卫星定位或通过手机基站定位等自动获取。

（2）地震预警中心设置对手机用户发布地震预警信息的震级阈值和烈度阈值，用户也可设置本手机接收地震预警信息的震级阈值和烈度阈值。

（3）地震发生时，地震预警监测仪器监测到地震动，并将地震动信息发送给地震预警中心。

（4）地震预警中心对接收到的地震动信息进行分析处理，若震级和某区域预估烈度大于等于中心设置的对手机用户发布的震级阈值和烈度阈值，便将预警信息通过手机网络发送到该区域的用户手机。

（5）用户手机接收预警中心传来的预警信息，与用户设置的震级阈值和烈度阈值比较并以图 2.14 方式展示地震预警信息。

基于该技术，作者团队研发了用户自主下载的地震预警 APP，实现了对 APP 用户"点对点"地震预警服务；研发了不需下载地震预警 APP 但需自主设定和提示设定的"点对点"地震预警服务技术，如需要政府授权才能提供服务的内置于小米电视操作系统的地震预警技术，不需要政府授权就能提供服务的内置于搜狗输入法的地震预警技术。基于该技术，作者团队还研发了需要政府授权才能提供服务的"点对面"电视地震预警服务技术，如四川广电基于电视机顶盒的地震预警技术。

图 2.14　智能手机接收到的地震预警信息

2. 地震预警功能内置于手机操作系统的技术

为解决手机用户安装地震预警APP工序繁琐、安装的APP软件存在误关或者因手机后台设置收不到预警信息等问题，小米公司与成都高新减灾研究所在全球率先研发了地震预警内置于手机操作系统的技术，将地震预警功能内置到手机操作系统中，打通了地震预警网与手机操作系统的实时技术链接，使手机地震预警服务从第三方软件转为操作系统级的服务。有了这一功能，手机用户不需要下载地震预警APP，也消除了地震预警功能被误关的可能性，提升了预警功能的可靠性和到达率。手机操作系统级接入，还可使地震预警信息按最高优先级传递，最大限度降低通信延迟，增加用户预警时间。该技术已应用到小米、华为、OPPO、vivo、荣耀等品牌手机中，并在系列破坏性地震中得到检验，得到了民众的广泛好评。

3. 地震预警内置于电视操作系统的技术

为解决全国性开通电视地震预警服务的问题，小米公司与成都高新减灾研究所在全球率先研发了地震预警内置于电视操作系统的技术，将地震预警软件内置到电视操作系统中，打通了大陆地震预警网与电视操作系统的技术链接，使电视地震预警服务从第三方软件转为操作系统级的服务。有了这一功能，电视用户不需要下载地震预警APP，也消除了地震预警功能被误关的可能性，提升了预警功能的可靠性和到达率。该技术已应用到小米、TCL、海信等品牌电视中。

4. 基于电视机顶盒的地震预警技术

为解决电视机关闭情况下用户不能接收地震预警信息的问题，四川广电与成都高新减灾研究所共同研发了基于电视机顶盒的地震预警的技术。当地震预警信息处理单元将地震预警信息发送到电视机顶盒时，即使电视处于关闭状态，地震预警信息也可通过电视机顶盒内置喇叭对地震预警信息进行及时语音播报，或者电视机顶盒发送触发信息将电视电源打开，将预警信息在电视上进行播报。该技术已在四川广电网络应用，并在系列破坏性地震中得到检验，受到民众的广泛好评。值得说明的是，小米公司也研发了无机顶盒的电视处于待机状态时，自动启动电视预警功能的技术。

5. 应急广播和"村村响"接入地震预警的技术

为了充分发挥应急广播和"村村响"覆盖面广、能很好服务灾害预警的特点，成都高新减灾研究所与相关单位研发了应急广播和"村村响"接入地震预警的技术。地震预警信息接收服务器采用 IP、手机网络与地震预警中心连接，并通过标准音频线连接广播系统。当地震发生时，地震预警信息接收服务器收到地震预警中心发出的地震预警信号后，通过适配器串口通信协议，发出打开指令，自动控制电路，打开广播系统电源，将含有烈度信息的地震预警倒计时声音通过广播系统发送至各终端大喇叭或者音柱播出，提升了广电行业服务灾害预警能力，该技术已在北川、米易、宜宾等地应急广播中应用，并在破坏性地震中得到检验，受到民众的广泛好评。

6. 世界首创的地震预警警报中地震烈度的声音提示方法

因为民众避险策略取决于预估烈度和预警时间，为了给民众提供更好的地震预警服务，成都高新减灾研究所研发了在短短的几秒到几十秒时间的地震预警时间里，通过声音提示用户地震预估烈度和倒计时的技术，让地震预警接收终端用户采取正确的避险策略，达到减少人员伤亡的目的。

具体地，在地震预警的读秒倒计时的间隔里插入提示音，通过提示音的次数变化和/或提示音的音高、音强的变化来提示地震对目标区域的烈度，让地震预警接收终端用户采取正确的避险策略，达到减少人员伤亡的目的。一种典型的实施方式为：

（1）在倒计时读秒间隔里不插入提示音，表示地震烈度为 y 度以下，说明此次地震对目标区域没有破坏性的影响。

（2）在倒计时读秒的间隔里插入一次提示音，表示地震烈度为 $y \sim z$ 度，说明此次地震对目标区域有一定的破坏性。

（3）在倒计时读秒的间隔里插入二次提示音，或/并提高提示音的音高和音强，说明表示烈度为 z 度以上，表示此次地震对目标区域破坏性较大。

预警信息接收人员根据收到的提示音采取适当的措施避险。以上 y 度、z 度的具体值由当地的建筑状况等来确定。另外，还可以通过提示音的次数变化和/或提示音的音高、音强的变化的不同组合方式来提示地震对目标区域的烈度。

7. 一种基于 iOS 操作系统的预警倒计时方法

苹果公司的手持终端（iPhone、iPad 等）应用广泛。这些手持终端都是基于 iOS 操作系统的。iOS 操作系统与 Windows、Android 等操作系统的主要不同是该操作系统是单任务的，不能同时运行 2 个以上程序，不能将预警接收程序放在后台运行。但 iOS 操作系统可以接收 PUSH 消息。基于 PUSH 机制，作者团队提出当预警客户端没有运行的时候，预警中心可以向接收终端以 PUSH 方式发布地震预警信息及倒计时。

该方法实现的基本原理是，PUSH 消息可以自定义播放的声音文件，这个声音文件需要预存在预警客户端所在的设备中。为此，将倒计时录制成以 a 秒（a 可以为小于 5 的自然数）为间隔进行倒数报时的多个声音文件，所述多个声音文件倒数报时的起点不同且各个声音文件倒数报时的起点为从最大的倒数报时起点（可以根据实际需要确定最大的倒数报时起点为 50、99 或 100 等）起以 a 为减量依次递减的自然数列，直到倒数报时的起点减去 a 的结果小于或等于 0 时，停止记录声音文件。例如，当 $a=2$ 时，各个声音文件的起点可以为 20，18，16，…，2 自然数列。

各个声音文件记录了从倒数报时起点开始以 a 秒为减量的自然数列，直到某个倒数报时点减去 a 为负数或 0 时，将该倒数报时点的下一倒数报时点设为 0 的所有倒数报时声音。

本方案实现了基于 iOS 操作系统的 PUSH 机制的地震预警倒计时，它适用于所有的基于 iOS 操作系统的移动手持设备，用户通过 iPhone、iPad、iPod touch 等设备可以及时收到地震预警服务器发布的地震预警信息及倒计时，用户能及时选择适当的应急措施（见图 2.15）。

图 2.15　苹果手机接收到的地震预警信息

8. 针对电视所在地预估烈度和预警时间的电视地震预警技术

日本的地震预警（紧急地震速报）信息在电视上播出时只能告知地震正在某地发生，及可能被强烈晃动的地区名，且这些信息在日本全国的电视上都是相同的，未实现针对观众当地的预警。

成都高新减灾研究所提出了一种基于电视机顶盒的地震预警信息发布方法，能够解决上述问题。该方法包括以下步骤：① 获取电视机顶盒的地理位置信息，并发送给地震预警信息处理单元；② 地震预警中心获取震源信息，并发送给地震预警信息处理单元；③ 地震预警信息处理单元对收到的信息进行处理，计算出包括电视机所在地将会受到的地震烈度和地震波到达时间的地震预警信息，然后将震源信息和地震预警信息通过电视机顶盒发送给电视机显示出来。本方案不仅能显示震源的位置及震级信息，同时还能显示出电视机所在地将会受到的地震烈度及地震波到达时间信息，帮助用户及时采取避震措施减少损失和人员伤亡。

该电视地震预警技术于 2012 年 5 月率先在汶川应用（见图 2.16）。同年 8 月，电视地震预警技术已经能够在地震预警时给出地震对电视观众的影响烈度和具有的避险时间（见图 2.17）。这在世界上是首次实现具有倒计时与预估烈度功能的电视地震预警。目前，经过与各合作伙伴的协同创新，该技术已延伸到全国应用，例如 TCL、小米、康佳、海信等品牌电视已采用了该技术，自 2019 年开始服务全国。

图 2.16　电视预警首次在中国应用

图 2.17　具有倒计时功能的新型电视地震预警警报

9. 广电网络电视地震预警技术体系

电视地震预警是在电视所在地周边发生小地震时，通过小弹窗显示地震预警信息以科普观众，且不影响观众的娱乐；而在周边发生强震时，以大弹窗的形式播放地震预警，提醒观众地震波到达的时间和预估强度，并提示民众做好避险准备。

为了实现以上电视地震预警功能，在广电机房安装电视地震预警专用服务器以接收地震预警中心的信息（见图 2.18），客户端 APP 安装在电视机顶盒中，并通过运营商与电视机顶盒保持网络长连接，使得辖区内民众都能享受电视地震预警服务。值得强调的是，该技术系统采用了"故障导向安全"的系列措施，确保系统不误报。

10. 人员密集场所专用地震预警信息接收终端

人员密集场所专用地震预警信息接收终端（见图 2.19）是面向学校、社区、办公楼等特定用户的专用接收终端，当周边发生对用户有影响的地震时，其自动打开广播系统，进行声光图文警报，用户收到警报后采取合理措施避险。该终端具备地震预警、预警演习与演示、预警记录查看与回放、广播测试、预警科普等功能。

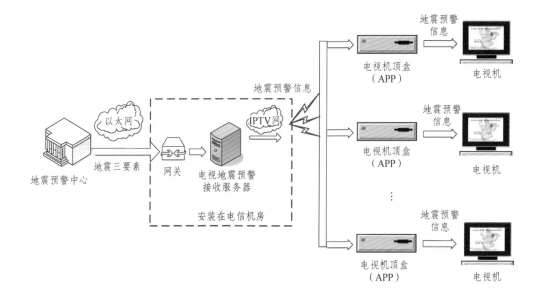

图 2.18　电视地震预警技术框架

图 2.19　人员密集场所专用地震预警信息接收终端

11. 重大工程地震预警专用接收终端

通过对核电站、高铁、地铁、电力、燃气、化工等具有特定行业特点的地震预警终端设计方案进行了深入研究，我们研制了面向重大工程的地震预警专用接收终端（见图 2.20）。该终端具有以下特点：为行业用户制定个性化的应用方案及应急预案；全自动无须人员值守；具有声、光、图、文 4 种提示功能；支持连接自动控制 DCS 系统、SIS 系统、广播系统等。图 2.21 展示了该终端在成都铁路局的应用。

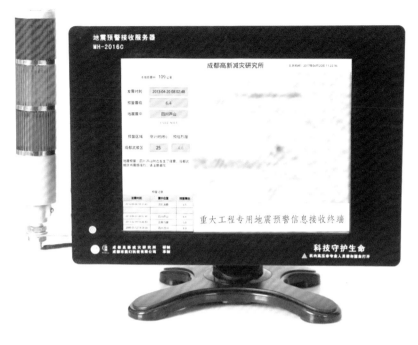

图 2.20　重大工程专用地震预警信息接收终端

图 2.21　高铁应用地震预警

八、基于风险防控的多行业应用地震预警的对策体系

地震预警的目标是减少地震导致的人员伤亡、次生灾害和经济损失。除了直接服务民众能够减少人员伤亡外，地震预警服务重大工程、工厂与电梯能同时实现减少人员伤亡、减少次生灾害和减少经济损失的目的。但是，若应用不好，地震预警误报甚至正确预警时也有风险导致不必要的人员伤亡、次生灾害和经济损失。为此，需要从公众对地震预警的识别、基于心理学的本能反应、应对措施、误报后果等研究地震预警风险防控措施，需要研究判别风险、降低风险、防控风险的有效对策。在理论研究与试验的基础上，我们研究了民众、家庭、社区、学校、办公楼、重大工程等对地震预警的不同应对方法、风险防控措施和相应减灾效果，针对场所、行业类型、预警时长、预估烈度等不同因素，形成了多行业的地震预警应对策略。

1. 面向民众的地震预警对策体系

面向民众的地震预警对策体系的目标是既要避免民众恐慌，又要利用地震预警的几秒到几十秒的避险时间就近避险。为此，我们考虑两个方面：

（1）地震预警的声音提示方案。

目前，地震预警的声音提示包括：启动声、倒计时提示声、烈度提示声和结束声。

① 启动声用"叮咚"来表示。

② 倒计时表明了地震横波到用户所在地的以秒为单位的时间长度。倒计时提示声表明地震波即将波及，给接收者以紧迫感。

③ "嘀嘀"声表示预估烈度。预估烈度 ≥ 5.0 度时，倒计时中含有"嘀嘀"声；3.0 度 ≤ 预估烈度 < 5.0 度时，倒计时中含有"嘀"声；预估烈度 < 3.0 度时，倒计时中不含有"嘀"或"嘀嘀"声。

④ 结束声以"呜呜"的警报声表示。

以预警时间为 20 s 的预警为例。当预估烈度 < 3.0 度（倒计时中不插入"嘀"或"嘀嘀"声），预警声音为：

叮咚—20—18—16—14—12—10—9—8—7—6—5—4—3—2—1—呜呜声……

当 3.0 度 ≤ 预估烈度 < 5.0 度（倒计时中插入"嘀"声），预警声音为：

叮咚—20—嘀—18—嘀—16—嘀—14—嘀—12—嘀—10—嘀—9—嘀—8—嘀—7—嘀—6—嘀—5—嘀—4—嘀—3—嘀—2—嘀—1—嘀—呜呜声……

当预估烈度≥5.0度（倒计时中插入"嘀嘀"声），预警声音为：

叮咚—20—嘀嘀—18—嘀嘀—16—嘀嘀—14—嘀嘀—12—嘀嘀—10—嘀嘀—9—嘀嘀—8—嘀嘀—7—嘀嘀—6—嘀嘀—5—嘀嘀—4—嘀嘀—3—嘀嘀—2—嘀嘀—1—嘀嘀—呜呜声……

值得说明的是，以上声音提示方法是2011年由成都高新减灾研究所与合作者制定的，迄今已有12年。12年来，中国民众已被广泛科普地震预警，已不用太担心民众收到预警后的恐慌，因此，当前已很有必要改进地震预警的声音提示方法，例如地震预警时，直接提醒民众"地震，避险"。

（2）建议民众收到地震预警后的避险策略。

"收到预警后，避险到就近安全地点"是建议的地震预警避险策略。地震预警时长只有几秒到几十秒，民众需要在听到预警后，秒级响应，确定就近安全地点，并避险到就近安全地点。就近避险地点的选择，需要结合民众个体的身体条件、所处的位置进行。例如，当民众个体在2楼且预警时长在20 s以上时，在身体允许的情况下就近避险的地点可以是楼外；当民众个体在10楼时，就近避险的地点可以是承重墙边、卫生间等。

2. 面向工程或工厂的地震预警对策体系

地震预警服务工程或工厂的目标是让工程或工厂利用地震预警提供的几秒到几十秒预警时间，采取紧急措施，例如高铁减速停车、地铁减速到10 km/h到站停车、高温高压化工罐体不再加热、电梯就近自动平层并开门疏散乘客。根据不同行业特点，作者团队研究形成了面向不同行业地震紧急处置接入控制的安全防御、安全评估认证等关键技术，构建了结合功能安全、信息安全、操作安全，覆盖预警处置网各部件层的主动安全体系；实现了基于紧急处置策略库的本地化实时处置技术；突破地震预警信息与各重大工程自身壁垒，实现了紧急处置、功能安全与信息安全融合的一体化技术、地震预警联动与优化控制技术等关键技术，解决了地震预警系统与控制系统融合后控制的稳定、实时和安全问题，并根据策略实现了强震情况下化工等重大工程项目的安全降级、人群避险、误报恢复和恢复运行机制。

由于地震预警对中国全社会都是新鲜事物，对工程、工厂、电梯行业也是如此，推动地震预警服务这些行业，也要经历科普、制定行业运用地震预警的规则、非控制试验、控制试验和规模化运行等阶段。目前，地震预警对中国这些行业的应用的规模化程度还都不足。以下简要介绍地震预警服务工程、工厂、电梯等的案例。

（1）危险化学品企业。危化行业含有易燃、易爆介质，在地震波及时，易发生次生灾害。汶川大地震时就有数个危化企业产生了严重次生灾害、人员伤亡和经济损失。为此，当地震预警技术基本成熟后，成都市防震减灾局与成都市安全生产监督管理局共同推动了一些成都危化企业应用地震预警，并示范带动了一些其他危化企业应用地震预警。这些危化企业成为中国首批应用地震预警的危化企业。

具体地，化工厂应用地震预警自 2014 年起步，经历了科普、非控制试验应用、控制应用等阶段，并在之后联动了周边民众的地震预警服务，既保障了工厂安全，也保障了周边民众的安全。

（2）天然气行业。天然气行业含有易燃、易爆介质，在地震波及时，易发生泄漏导致次生灾害。汶川大地震时就有天然气管线损坏导致了次生灾害和经济损失的案例。1995 年，日本神户也因为地震导致的燃气泄漏发生了严重的火灾。为此，当地震预警技术基本成熟后，成都市防震减灾局与成都市安全生产监督管理局共同推动了成都市燃气公司应用地震预警，并对其他行业应用地震预警起到了示范作用（见图 2.22）。

图 2.22　成都市燃气公司应用地震预警

值得说明的是，2012 年，云南省地震局与成都高新减灾研究所在科研项目中合作实现了云南省地震局的食堂燃气管线的紧急处置项目，为成都市燃气公司应用地震预警奠定了技术基础。

（3）地铁行业。地铁在封闭空间中运行，在地震波及时，易发生脱轨、人员踩踏、人员在站间难以疏散等次生灾害。为此，当地震预警技术基本成熟后，成都市防震减灾局与成都市安全生产监督管理局于 2014 年共同推动了成都地铁应用地震预警，并示范带动了西安地铁应用地震预警（见图 2.23）。成都地铁成为中国首个应用地震预警的地铁。

地铁应用地震预警预案的要点是：当地铁所在地的预估烈度大于 5 度时，地铁减速到 10 km/h 后到站停车，避免停在地铁站间，以便于疏散乘客。这是因为成都地铁绝大部分处于地下，站间疏散对应地下空间的疏散，对民众而言存在较高风险；同时，值班人员打开道闸，并指导车站乘客有序疏散。由于应用了地震预警后，成都市主城区还未被 5 度及以上地震波及，因此从实战来讲，地铁地震预警预案还未被启动过。但是，2016 年 6 月，成都地铁进行了一次地震预警演习，全面展现了地铁地震预警的方案（见图 2.24）。

2019 年，成都地铁深化了地震预警应用，并进行了相应改造，实现了地震预警信息与调度平台的融合（见图 2.25）。

图 2.23　成都地铁应用地震预警

图 2.24　成都地铁举行的一次地震预警演习

图 2.25　地震预警信息与调度平台的融合

（4）高铁行业。高铁由于速度快等特点，需要地震预警来保障其运行安全。2015年，成都铁路局在其高铁调度中心安装了地震预警专用终端，应用了大陆地震预警网的地震预警信息，并在历次四川、重庆、云南境内的地震中发挥了重要作用。

（5）西昌卫星发射中心。卫星发射涉及竖立火箭的机械稳定性和有毒易燃火箭燃料泄漏等风险。地震预警可以保障燃料加注的安全，也可对竖立火箭采取紧急避险措施。随着地震预警技术的成熟和在一些行业的成功应用，西昌卫星发射中心于2017年启用地震预警。2018年10月，西昌发生5.1级地震，火箭正在加注燃料时，地震预警系统在地震波及卫星发射中心前10 s时发出预警，燃料加注人员采取紧急措施，保证了火箭加注燃料的安全。

（6）电梯。地震对电梯的影响主要有两方面问题：一是电梯被悬停在楼层之间时，乘客被困；二是电梯自身可能被地震破坏。地震预警可以有效解决以上两方面的问题。具体技术措施是，电梯收到地震预警控制器（见图 2.26）转来的预警信号后，电梯控制器首先让电梯自动就近平层，并打开电梯门，避免乘客被困在楼层之间。待乘客疏散后，电梯再自动运行到底层，以便减少地震导致的电梯晃动以及地震导致的经济损失。

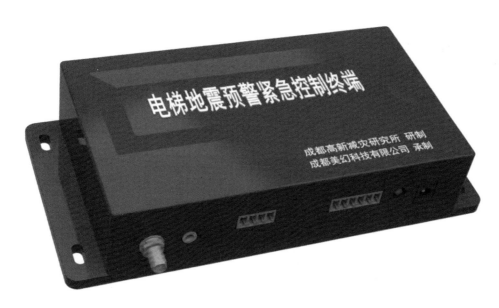

图 2.26　电梯地震预警紧急控制终端

除此之外，大陆地震预警网还服务了民用核电站、精密智造工厂等。应用的深浅程度取决于业主的风险考量或安全规程。例如，由于核设施的紧急关停需要相关部门修改相应的紧急关停条例，服务核电站的现有对策还是地震预警启动值守人员关注即将波及的地震，待地震波及到场地再依据安全流程采取紧急关停措施。

九、技术创新点小结

创新点一：创造性地提出了多种地震预警和烈度速报理论和技术方法，突破在强干扰环境下有效消除误报和漏报的难题，极大提高了地震预警的及时性和准确性。

（1）世界首创基于地震监测仪预处理地震波数据的分布式计算地震预警技术。地震发生时，监测仪对地震波信息进行预处理，只将预警关键参数传递到预警中心，极大缩短了地震波处理时间，并且由于无地震时监测仪不传送数据流，大大减少了总体数据传输的通信负担和延迟，在增加系统可靠性、缩短系统响应时间的同时对各种网络具有高宽容度，使该预警系统的平均响应时间缩短为 5.8 s，而国外最先进的日本地震预警系统平均响应时间为 9 s；提出了现地法和异地法有机融合的地震预警技术，允许在预警盲区内通过 P 波（波速 7～8 km/s）与 S 波（波速 3～4 km/s）之间的速度差提供避险时间，实现盲区内的报警技术。

（2）为提升大规模地震预警网对各种干扰的抑制力，建立了地震波时空关联分析理论和方法，利用台站间 P 波与 S 波到时的关联性及数据的相似度，创立基于有监督学习的人工智能的地震事件抗干扰识别技术，使得系统自公开运行 12 年以来，尚无误报和对破坏性地震的漏报，成为全球最优。

（3）基于因果律分析，提出了预估与实测有机融合的预警震级计算理论。在根据 P 波前 3 s 数据进行震级估算的基础上，建立利用 P 波和 S 波动态数据实时逼近真实震级的理论，从根本上优化了预警震级逼近算法，使预警震级收敛更准、更快。

（4）提出大震破裂方向的基于多普勒效应的秒级测定方法，实现大震烈度的准确预估，结合提出的基于地震破裂过程的共焦点椭圆模型的大震烈度速报理论，形成了震后 50 s 绘制 6 级以下地震烈度速报图、震后 2.5 min 绘制 8 级地震烈度速报图的技术方法体系。

创新点二：利用数量级分析，引入 MEMS 传感器用于地震预警系统，提出地震预警监测仪的新安装方案，结合原创的分布式地震预警计算技术，研发出网络带宽高宽容度预警架构体系，提高了可靠性且成本降低 80%，建成覆盖中国地震区 90%人口的全球最大规模地震预警和烈度速报网，实现业务化运行。

（1）引入最新的 MEMS 传感器，使地震预警监测仪成本降低 80%。基于震级达到一定程度才可能造成人员伤亡的事实，提出不需开展 3 级以下地震的预警，为此引入 MEMS 加速度传感器，使地震预警和烈度速报网的核心硬件成本降低80%。

（2）提出不需专门观测房的地震预警台站建设方案。通过数量级理论分析和实际地震检验，发现地震预警监测仪安装在承重墙距地面 30 cm 处即可满足地震预警和烈度速报要求，优化了预警台站建设方案，结合分布式计算技术降低带宽要求的优势，将系统运行和维护费用降低 80%。

（3）建成了全球规模最大、覆盖我国地震区 90%人口的地震预警和烈度速报网。依靠上述技术体系，与应急部门、地震部门合作建设了由 8500 台监测仪组成（日本目前仅 1000 余台）、覆盖我国 220 万 km^2 地域面积和我国地震区 90%人口（6.6亿人）的全球规模最大地震预警和烈度速报网，并实现业务化运行，既服务了国家地震安全，也采集了大量地震尤其是破坏性地震数据，持续用于地震预警和烈度速报技术优化与科研。

创新点三：为破解地震预警信息秒级送达且安全服务亿级民众的复杂工程技术和社会科学难题，提出含烈度信息的倒计时预警方法和研发面向电视、手机等智能终端的预警信息秒级优先推送技术，实现了预警信息向数亿用户的秒级触达、社会同步启动地震应急响应。

（1）提出了含烈度信息的倒计时预警方法，确保预警烈度和预警倒计时信息有效送达民众，指导民众及时科学避险，最大限度挽救生命。通过媒体广泛新闻报道预警科技创新和地震预警的应急响应等方式科普广大民众。2019 年 6 月 17日，四川长宁 6 级地震预警新闻就被超 25 亿人次观看，约 7 亿民众被科普了地震预警，破解了地震预警安全服务亿级用户的社会科学难题。

（2）研发了面向亿级用户秒级响应的预警信息传递关键技术。与小米、vivo、

TCL、广电、移动等手机、电视厂商和网络运营商合作，在世界上率先实现了对手机、电视等智能终端的操作系统级接入地震预警功能，打通了面向数亿用户的广播、电视、手机、"村村响"等终端的秒级响应预警信息传递渠道，手机预警服务已延伸到全国，电视预警服务已延伸到四川所有市州（21个），并延伸到全国内置了地震预警功能的电视。

十、技术创新支撑的成效

（1）使中国从无到强建立了全球领先的地震预警技术体系，从无到强建立了全球最大的地震预警网，从无到强开始了中国地震预警服务，使得中国成为世界第三个具有地震预警能力的国家。

大陆地震预警网（见图2.27）至2015年已延伸至31个省（自治区、直辖市），覆盖240万km^2、我国地震区90%人口（约6.6亿人）。该地震预警网自2011年业务化运行至今已连续成功预警76次破坏性地震（见图2.28），包括2013年4月20日四川芦山7.0级地震、2014年8月3日云南鲁甸6.5级地震、2017年8月8日四川九寨沟7.0级地震、2019年6月17日四川长宁6.0级地震、2020年7月12日河北唐山5.1级地震、2022年9月5日四川泸定6.8级地震等，通过了"实战"考验。该成果还在尼泊尔、印度尼西亚等国家应用，既支持中国成为全球第三个具有地震预警能力的国家，又支撑了全球6个具有地震预警能力国家中的3个。

值得强调的是，该成果使得我国的众多行业开展了地震预警服务，形成了我国各行各业应用地震预警的技术体系。具体地，地震预警在我国通过广播、电视、手机、"大喇叭"、专用接收终端，服务了民众、中小学、社区、办公场所、地铁、化工厂、高铁、核电站、西昌卫星发射中心、火箭军等，形成了我国各行各业应用地震预警的技术体系，典型案例如下：

①重大工程应用地震预警。辽宁红沿河核电站、西昌卫星发射中心、四川石化、成都铁路局、成都地铁、成都燃气、德阳东汽、国家电网四川省电力公司、乐山核反应堆、宜宾机场等重大工程都应用了地震预警服务（见图2.29）。

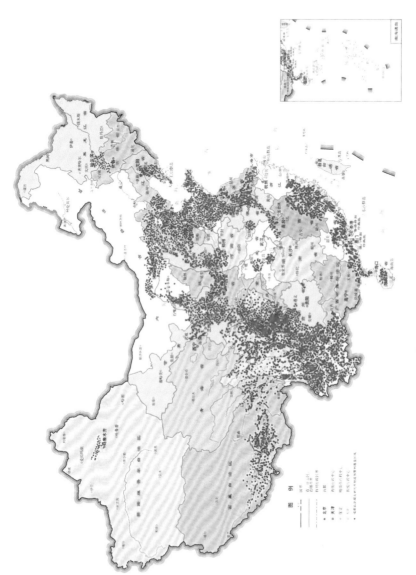

图 2.27　成都高新减灾研究所地震预警网覆盖区域

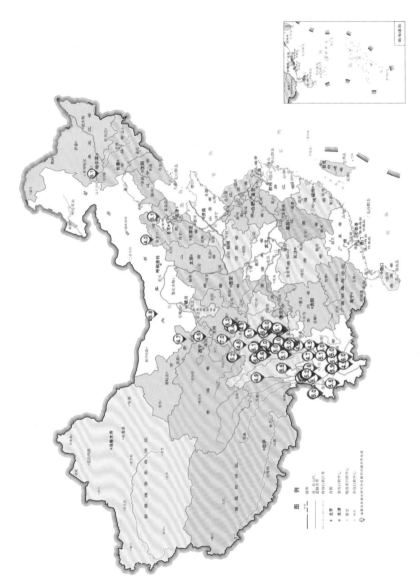

图 2.28 成都高新减灾研究所监测到的 76 次破坏性地震分布图

（a）红沿河核电站

（b）西昌卫星发射中心

（c）成都铁路局高铁调度中心

（d）成都地铁

（e）将军坡水电站

（f）四川石化

（g）成都西部呈祥化工

（h）德阳东汽

（i）国家电网四川电力公司

（j）成都燃气

图 2.29　重大工程应用地震预警案例

②党政机关应用地震预警。四川省委、四川省政府、四川省人大、四川省政协及一些省级政府部门和市县政府应用了地震预警服务（见图2.30）。

（a）四川省委

（b）四川省政府

（c）四川省人大

（d）四川省政协

图2.30　四川省党政机关应用地震预警案例

③应急部门（机构）和媒体应用地震预警。国家预警信息发布中心、国家减灾中心、四川省应急管理厅、四川省消防救援总队等应急部门（机构）应用了地震预警，以便快速了解灾情信息，启动应急救援。新华社、封面新闻、四川观察等手机APP地震预警服务已上线，中国新闻社四川分社和中央电视台四川记者站已应用地震预警（见图2.31）。

（a）国家预警信息发布中心

（b）国家减灾中心

（c）中国地震台网中心

（d）四川省应急管理厅

（e）四川省消防总队

（f）成都市智慧治理中心

（g）中国新闻社四川分社

（h）中央电视台四川记者站

（i）四川交通广播

（j）四川公安政务微博

图 2.31　应急部门（机构）与媒体应用地震预警案例

④ 人员密集场所应用地震预警。大量学校、社区、场镇、医院、办公楼应用了地震预警服务（见图 2.32）。

（a）成都市防震减灾示范学校

（b）成都市防震减灾示范社区

（c）成都 120 急救中心　　　　（d）成都高新区管委会办公楼及电梯

图 2.32　人员密集场所应用地震预警案例

⑤ 8 亿电视、手机用户应用地震预警。自 2011 年开启了手机地震预警服务、2012 年开启了电视地震预警服务以来，地震预警服务已延伸内置到小米、华为、OPPO、vivo、荣耀、TCL、康佳等品牌手机、电视，使地震预警信息可秒级触达

数亿用户（见图 2.33）。另外，"四川公安""四川科技"等近 50 个政务微博（近 1 600 万粉丝）接入地震预警信息并同步发布为民众服务。

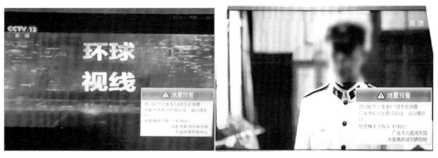

（a）电视地震预警

（b）手机地震预警

图 2.33　手机和电视应用地震预警案例

（2）本成果被国家发改委、中国地震局采纳，优化了中国地震局"国家地震烈度速报与预警工程"的技术方案。国家发改委批复该工程时，要求该项目采纳本成果的基于 MEMS 传感器的技术方案，使得该项目的地震预警监测仪的数量从 5000 余个上升为 15000 余个，显著提升了地震预警能力。

另外，基于"成都智造"的地震预警成果，中国地震预警的首个地方标准《成都市地震预警系统监测台站建设规范》得以制定，且该标准的烈度仪部分被中国地震局在 2015 年上升为地震行业标准。另外，本成果促成了国家标准《中小学校地震避险指南》纳入地震预警内容。

（3）从无到强建立了中国在国际地震预警领域的影响力与竞争能力。该成果支持了地震预警事业得到越来越多的国际认可，支持了地震预警服务更多国家。特别是该成果被印度尼西亚气象地震局、尼泊尔科学技术院采用，并支撑印度尼西亚、尼泊尔建立各自的地震预警网。截至目前，本成果支持了全球 6 个具有地震预警服务能力的国家（墨西哥、日本、中国、尼泊尔、美国、印度尼西亚）中的 3 个国家（中国、尼泊尔、印度尼西亚）。

另外，本成果的震级阈值和烈度阈值的设定方案被美国 USGS 采纳，使得其烈度阈值调整为 3 度，表明了本成果对美国地震预警服务的贡献。

（4）探索了全球首创的"各级政府发布、社会力量参与建设地震预警网"的模式。传统上，地震预警网由政府（地震部门）建设，地震预警信息由政府发布。但是，依据《突发事件应对法》[①]，并在我国现代治理体系的背景下，基于地震预警秒级响应的科学特点，成都高新减灾研究所率先在全球提出"各级政府发布、社会力量参与建设地震预警网"的模式。实践是建立真理的唯一标准，该模式在中国的广泛应用表明了社会力量参与建设地震预警网的重要价值。2020 年 11 月，中国地震局与成都高新减灾研究所签署备忘录，共建中国地震预警网，是对该模式的重要肯定。

（5）填补国内地震预警领域的 24 项空白、研发了 10 项世界首创的地震预警技术，推动中国乃至全球地震预警行业科技进步。

填补的中国 24 项地震预警领域空白：

① 在中国率先突破地震预警技术（2011 年）；

② 中国首个地震预警网建成（2011 年）；

③ 中国首个公众首次体验地震预警（2011 年）；

④ 中国首个学校启用地震预警服务（2011 年）；

⑤ 中国首个电视地震预警服务启用（2012 年）；

⑥ 中国首个城市地震预警系统建成（2012 年）；

⑦ 中国首个通过省部级科技成果鉴定的地震预警成果（2012）；

⑧ 中国首个地震预警标准启用（2013 年）；

⑨ 中国首次预警破坏性地震（2013 年）；

⑩ 中国首次预警 7.0 级地震（2013 年）；

---

① 本书中涉及的我国法律、法规等，为叙述简便，均省略其题名中的"中华人民共和国"几字。

⑪ 科技部认定的地震预警领域的首个国家重点新产品（2013）；

⑫ 中国首个化工企业应用地震预警（2014 年）；

⑬ 中国首个地铁应用地震预警（2014 年）；

⑭ 中国首个电梯应用地震预警（2014 年）；

⑮ 中国首个将地震预警应用纳入民生工程（2014 年）；

⑯ 中国首个政务微博接入地震预警（2015 年）；

⑰ 中国首次服务卫星发射中心（2017 年）；

⑱ 中国首个核电站应用地震预警（2018 年）；

⑲ 中国首批市州电视地震预警启用（2018 年）；

⑳ 电视地震预警延伸到四川省所有 21 市州（2019 年）；

㉑ 中国首批"村村响"接入地震预警功能（2019 年）；

㉒ 中国地震预警服务亿级手机用户（2019）；

㉓ 中国首批机场地震预警系统启用，保障飞机起降安全（2019 年）；

㉔ "中国智造"地震预警成果首次在印度尼西亚预警破坏性地震（2020 年）。

10 项世界首创的地震预警技术：

① 基于分布式计算的地震预警技术（2011 年）；

② 基于 MEMS 传感器的地震预警技术（2010 年）；

③ 将地震预警监测仪安装在承重墙的技术（2010 年）；

④ 融合现地法和异地法预警的地震预警技术（2011 年）；

⑤ 10 年无误报的地震预警信息产生技术（2011 年）；

⑥ 面向亿级用户的手机内置地震预警功能的技术（2019 年）；

⑦ 地震预警声音提示烈度的方法（2011 年）；

⑧ 一种基于 iOS 操作系统的预警倒计时方法（2015 年）；

⑨ 具备预估烈度与预警时间的电视地震预警技术（2012 年）；

⑩ 跨国地震预警网技术（2016 年）。

（6）实现了全球领先的地震预警技术指标。

地震预警是人类防御地震的科技前沿。在全球，应用地震预警技术的国家依次是墨西哥（1991 年）、日本（2007 年）、中国（2011 年）、尼泊尔（2016 年）、美国（2019 年）、印度尼西亚（2019 年）。其中，墨西哥技术系统相对简单，是"点对点"的地震预警系统，且有误报；日本具有全国性的"面对面"的地震预警系统，也有误报；美国在预警震级计算、多预警方法融合等方面研究成果丰富，但应用起步较晚。2019 年 1 月洛杉矶、2019 年 10 月加州全区域开启了手机地震预警服务，且 2019 年 10 月其预警信息发布策略借鉴了本成果；尼泊尔和印度尼西亚完全采用本成果。在本成果之前，日本曾经是世界上地震预警技术最优的国家。

在国内，中国地震局及其下属机构、台湾大学、成都高新减灾研究所等也积极研发及应用地震预警和烈度速报技术。中国地震局开展了系列研究和应用，成果丰富，其 2018 年正式启动建设的"国家地震烈度速报与预警工程"，拟于 2023 年建成，预计其技术性能将更为优越。鉴于该工程还未验收，这里将本成果与国外其他地震预警技术进行比较，见表 2.1。

表 2.1 国内外地震预警成果应用情况对比

对比内容	国外地震预警成果应用情况	作者团队研究成果应用情况
起始服务时间	墨西哥于 1991 年、日本于 2007 年、尼泊尔于 2016 年、美国于 2019 年、印度尼西亚于 2020 年开始服务，其中尼泊尔、印度尼西亚都采用了本成果	2011 年 9 月开始面向社会公众提供地震预警服务，使中国成为全球第三个具有地震预警能力的国家
误报率、漏报率	墨西哥和日本地震预警系统均有误报。例如：墨西哥预警系统 2017 年 9 月 7 日误报强震；日本预警系统 2016 年 8 月 1 日误报东京地区发生 9.1 级地震，2018 年 1 月 5 日再次误报强震。 美国地震预警系统的运行时间不足 4 年，尚无误报	自 2011 年 9 月起连续预警地震预警网内 76 次破坏性地震，尚无一误报、漏报
应用规模	墨西哥的地震预警网采用了约 200 个监测仪，地震预警信息服务主要覆盖墨西哥城及周边； 日本地震预警网采用约 1000 个监测仪，覆盖日本全境 37.7 万 km^2，地震预警信息服务比例全球最高； 美国在其西部开展了广泛的地震预警应用，特别是安卓手机大规模开启了地震预警功能	截至 2015 年，成都高新减灾研究所与应急管理部门、地震部门联合建成应用了 8500 个地震预警监测仪，覆盖 240 万 km^2、延伸至中国 31 个省（自治区、直辖市）覆盖地震区 90% 人口（6.6 亿人）的全球最大地震预警网，已服务亿级的手机、电视用户和一定规模的学校、社区、工程等
平均盲区半径	日本 30 km；暂无美国地震预警系统的该数据	21 km，全球最优
平均系统响应时间	日本 9 s；暂无美国地震预警系统的该数据	5.8 s，全球最优

总之，成都高新减灾研究所的地震预警成果的技术指标全球领先，主要体现在以下方面：

① 准确性（误报率、破坏性地震的漏报率均小于 1 次/12 年），全球最优；

② 平均响应时间 5.8 s，盲区半径 21 km，全球最优（暂无美国数据）；

③ 地震预警网覆盖面积 240 万 km^2，全球最大；

④ 内置地震预警功能的手机、电视数量达 8 亿，全球最多。

地震预警系统的核心技术指标是"准、快、大、广"。"准"包括了准确性，尤其是低误报率、漏报率，"快"是指地震预警网的响应时间，"大"是指地震预警网覆盖规模，"广"是指地震预警用户规模。另外，地震预警系统的成本也是指标。值得强调的是，迄今为止，本成果在"准、快、大、广"方面都是世界领先的。将来，随着中国地震局建设的地震预警网正式投入运行，由于其传感器密度大，资金投入大，具有后发优势，其核心技术指标有望超过成都高新减灾研究所。

值得说明的是，中国地震局与成都高新减灾研究所 2020 年签署了合作协议，共建中国地震预警网，成都高新减灾研究所已是中国地震局授牌的"中国地震局地震预警技术研究成都中心"。因此，一方面，本章所提的成都高新减灾研究所地震预警网，是指成都高新减灾研究所与市县地震部门共建的大陆地震预警网；另一方面，由于中国地震预警网是由成都高新减灾研究所与中国地震局共建的，这些地震预警的核心技术指标是可以优于成都高新减灾研究所的技术指标的。由于中国地震局的地震预警项目预计于 2023 年验收，后续我们与中国地震局将持续共同优化中国地震预警网的技术指标。

（7）基于地震预警网的分钟级地震烈度速报。

地震烈度速报系统，就是在地震发生后数分钟内基于地震监测网的监测结果，尽快报告地震动的烈度及其分布情况（烈度速报图）的系统，以便为灾后应急响应和救灾决策提供参考。我们基于地震预警网实现了地震预警和烈度速报的有关参数计算和估算，实现了对于 6.0 级以下地震，在震后 50 s 内给出烈度速报信息，对于 7 级以上地震，在震后 2 min 30 s 内给出烈度速报信息，以便为灾后应急响应和救灾决策提供参考。公开资料表明，成都高新减灾研究所于 2011 年在国内率先建成了基于 MEMS 传感器的地震烈度速报系统。

值得说明的是，成都高新减灾研究所基于分布式处理的地震预警网建立了基于分布式处理的烈度速报系统，仅在检测到震动时发送仪器烈度信息到烈度速报中心，方便利用基于短报文的北斗卫星通信服务，便于基于全球北斗卫星通信建立全球烈度速报网。另外，我们还提出了基于共焦点椭圆模型的大震烈度速报关键技术，更好服务于 6.5 级以上地震的烈度速报，显著提升了烈度速报系统对大震的响应水平。典型案例是 2013 年四川芦山 7.0 级地震后 2 min 内，成都高新减灾研究所地震烈度速报系统人机交互绘制得出地震烈度速报图（见图 2.34）。该烈度速报图与地震部门在地震后 6 天公布的正式烈度图的震中位置、最大烈度值、破裂方位、9 度区的面积、8 度区的面积、7 度区的面积等都基本一致，很好地服务了四川省政府的应急救援工作。

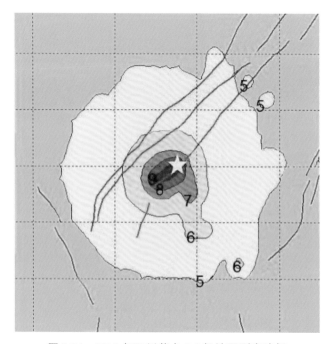

图 2.34　2013 年四川芦山 7.0 级地震烈度速报

总之，本成果是 2008 年汶川地震后利用难以复制的汶川余震资源建立了中国地震预警技术体系，使中国成为继墨西哥、日本后，全球第三个具有地震预警能力的国家，且系统可靠性和响应时间等核心技术指标都全球领先，已服务亿级的用户，且已服务尼泊尔和印度尼西亚等国家，支撑了全球六个具有地震预警能力的国家中的三个。另外，基于自然灾害预警技术的共性（灾害预警都是小概率事件、灾害预警都是科学工程和社会工程、灾害预警面向公众的发布都需要县级以上政府授权、灾害预警都需要高可靠性等），地震预警的突破性进展助力了中国多灾种预警技术的研发起步，形成了多灾种预警技术成果，助力了中国乃至世界多灾种预警技术的发展。

十一、科技局限性

地震预警是在一定地域内布设相对密集的地震预警台网，在地震发生时，利用电波比地震波快的原理，在破坏性地震波到达之前给目标发出警报，以达到减少人员伤亡和次生灾害的目的。由于地震预警科学原理限制，地震预警主要具有两方面局限性：

1. 地震预警存在盲区

地震预警系统从监测地震发生到发布地震预警信息需要几秒钟的时间，而在这几秒钟内地震横波波及的区域就是盲区。在盲区范围内的用户是不能获得预警时间的。表征盲区的指标为盲区半径。

目前，作者团队研究成果的盲区半径已经是世界范围内最小。与地震预警技术先进的日本相比，本研究成果平均在震后 5.8 s 发出第 1 报地震预警信息，而日本的地震预警系统平均在震后 9 s 发出第 1 报预警信息，本研究成果快 35%；对应本研究成果的地震预警盲区半径是 21 km，日本地震预警盲区半径是 30 km，优于日本 35%。

2. 地震预警理论上存在误报、漏报的可能

地震预警是全自动的秒级响应，原理上存在误报和漏报的可能性。但是，2011年至今，本研究成果已连续成功预警 76 次破坏性地震，还未出现误报、漏报。而技术较为先进的日本，每 2 年左右有一次误报，例如：2013 年 8 月 8 日，日本紧急地震快报系统误将"奈良县 2.3 级地震"误报为"7.8 级地震"；2016 年 8 月 1日，误报东京地区发生 9.1 级地震。

第三章

PART THREE

地震预警政策法规与保险的创新实践

一、我国地震预警领域的法律、法规和规章

地震预警技术在我国的应用是十分晚近的事情，2008 年汶川大地震之前，我国并无地震预警服务，《突发事件应对法》《防震减灾法》《地震监测管理条例》等法律法规也并未对地震预警予以规定。随着地震预警技术的不断发展与应用，技术创新带动了地震预警领域政策法规的制定。2012 年，在成都高新减灾研究所与市县地震部门共同提供地震预警服务之后，国家、省、市地震部门开始推动地震预警领域政策法规的出台。

1. 当前我国地震预警领域相关法律、法规和规章概况

本书对目前我国地震预警领域相关的法律、法规和规章进行了梳理，见表 3.1。

表 3.1　当前我国地震预警领域相关法律、法规和规章

种类	名称	内容
法律	《突发事件应对法》	规定了突发事件的预警,但是条文中的"预警"专指突发事件即将发生或发生的可能性增大时提前发出的预测性警报,并非本书所研究的地震预警。《突发事件应对法》并未对地震预警予以规定
	《防震减灾法》	以专章规定了地震监测预报,但是指的也是地震发生前的预测性警报,并非本书所研究的地震预警。《防震减灾法》并未对地震预警予以规定

种类	名称	内容
行政法规	《地震监测管理条例》	并未对地震预警予以规定
地方性法规	《甘肃省防震减灾条例》	对地震预警系统的定义、地震预警信息的发布主体予以规定。具体包括："地震预报意见和地震预警信息实行统一发布制度。""地震预警信息由省人民政府地震工作主管部门统一发布。""地震预警系统，是由密集地震监测台网和快速信息处理系统构成的在破坏性地震发生后，在破坏性地震波到达可能遭受破坏的区域前，向该区域发出地震警报信息的技术系统"
	《江苏省人民代表大会常务委员会关于加强地震预警管理的决定》	对地震预警的定义、地震预警管理的政府职责、地震预警系统规划建设、地震预警装置安装、地震预警信息发布、预警设施和观测环境保护、宣传教育等予以规定，并规定了相应罚则。在地震预警的定义方面，规定"本决定所称地震预警，是指利用地震预警系统，在地震发生后、破坏性地震波到达前，向可能遭受破坏的区域发出地震警报信息"。在地震预警信息发布方面，规定"地震预警信息由省管理地震工作的部门统一向社会发布。其他任何单位和个人不得向社会发布地震预警信息"
	《福建省防震减灾条例》	对地震预警系统的建设予以规定，但未明确"地震预警"的定义。具体包括："建立健全全省地震预警系统，在本省行政区域及毗邻海域、周边区域发生破坏性地震时，对地震在本省可能造成的影响迅速发布地震预警信息"

种类	名称	内容
地方性法规	《浙江省防震减灾条例》	对地震预警信息的发布主体予以规定，但未明确"地震预警"的定义。具体包括："本省行政区域内的地震预报意见和地震预警信息由省人民政府按照国家规定程序统一发布。经省人民政府授权，地震预警信息可以由省地震工作主管部门向社会统一发布。新闻媒体刊登、播发地震预报消息，应当以国务院或者省人民政府发布的地震预报意见为准，并注明发布主体；播发地震预警信息，应当以省人民政府或者其授权的省地震工作主管部门发布的地震预警信息为准，并注明发布主体"
	《青海省防震减灾条例》	对地震预警系统建设、运行及其信息发布的主体予以规定，但未明确"地震预警"的定义。具体包括："省地震工作主管部门负责全省地震预警系统建设、运行及其信息发布等地震预警相关活动的管理工作。高烈度地区重大建设工程和可能发生严重次生灾害的建设工程的建设单位，应当按照省地震工作主管部门的要求，建立地震紧急处置工作机制和技术系统，根据地震预警信息采取预防措施"
	《云南省防震减灾条例》	对地震预警系统的建设予以规定，但未明确"地震预警"的定义。具体规定为："县级以上人民政府及有关部门应当重视和加强地震预警系统的研究和建设，鼓励和支持可能产生严重次生灾害工程、生命线工程建设强震紧急自动处置系统"

种类	名称	内容
地方性法规	《黑龙江省防震减灾条例》	仅提及支持地震预警技术的研究，但未对地震预警的定义、地震预警管理的职责、地震预警系统规划建设以及地震预警信息的发布等具体内容予以规定。具体规定为："支持研究开发和推广使用符合抗震设防要求、经济实用的新技术、新工艺、新材料；支持地震应急救助技术、装备和地震预警技术的研究与开发"
	《北京市实施〈中华人民共和国防震减灾法〉规定》	仅提及地震预警系统这一名词，并未详细规定其具体内容，也未明确其定义。具体规定为："防震减灾信息系统包括地震观测信息系统、地震烈度速报系统和地震预警系统"
地方政府规章	《海南省地震预警管理办法》《青海省地震预警管理办法》《安徽省地震预警管理办法》《北京市地震预警管理办法》《江西省地震预警管理办法》《吉林省地震预警管理办法》《宁夏回族自治区地震预警管理办法》《天津市地震预警管理办法》《河北省地震预警管理办法》《西藏自治区地震预警管理办法》《广东省地震预警管理办法》《河南省地震预警管理办法》《新疆维吾尔自治区地震预警管理办法》《内蒙古自治区地震预警管理办法》	都对地震预警系统包括地震预警管理的政府职责、地震预警系统规划建设、地震预警装置安装、地震预警信息发布、预警设施和观测环境保护、宣传教育等方面做出了明确规定，并规定了相应罚则。具体包括："本办法所称地震预警，是指在地震发生后，破坏性地震波到达前，利用地震监测设施、设备及相关技术快速获取地震信息，并自动向可能遭受地震破坏或者影响的区域发出地震警报信息的行为。"在地震预警信息发布方面，均规定"地震预警信息由省人民政府地震工作主管部门统一发布。其他任何单位和个人不得以任何形式向社会发布地震预警信息"

续表

种类	名称	内容
地方政府规章	《山西省地震预警管理办法》	
	《陕西省地震预警管理办法》	
	《甘肃省地震预警管理办法》	
	《云南省地震预警管理规定》	
	《福建省地震预警管理办法》	
	《山东省地震预警管理办法》	

2. 当前我国地震预警领域相关法律、法规和规章存在的不足

通过上述对我国地震预警领域相关的法律、法规和规章的梳理，发现还存在以下不足：

（1）地震预测、预警、预报等多种概念混用。监测预警是突发事件应对中的一个重要环节，但人们通常将其理解为基于前兆信息和概率判断的预测性预警，相关法律也大多是在这一意义上定义"预警"概念的，在相关的政策法规中也存在着将预测性预警和地震预警混用的情况。本书所指的地震预警，是指地震发生后，基于地震监测和信息传输设施、设备及相关技术，利用电波比地震波快的原理，在地震波到达之前向可能遭受地震破坏的区域和用户发出地震预警信息的行为。地震预报和地震预警是两类完全不同性质的活动，应当予以区分：地震预报是具有预测性、概率性的活动，这种警报或预报的发出是建立在事前征兆和概率判断的基础之上，是在地震发生之前由专家开会讨论、行政机构审批后人工向社会发布；而地震预警是地震预警网的全自动的秒级响应，是没有人为影响因素的。《突发事件应对法》和《防震减灾法》所指的预警是指预测性警报，发生在地震发生前。而在一些地方性法规如各省的防震减灾条例中，并未明确该条例中所指的"地震预警"的定义为何，也无法从上下文的内容中理解其内涵。

（2）法律层面对地震预警的规定还需完善。由于地震预警技术在我国的应用较晚，无论是整个公共应急法制体系还是具体的防灾减灾法制，此前都未曾认识到其存在。虽然我国《突发事件应对法》规定了突发事件的预警，《防震减灾法》也以专章规定地震监测预报，但这里的"预警"和"预报"所界定的都是指突发事件即将发生或发生的可能性增大时提前发出的预测性警报，预警的发出建立在事前征兆和概率判断的基础之上，预警发出之时事件尚未发生，预警发出之后事件也可能并不发生，因而只是一种预测性警报而非客观性警报。而地震预警则是一种客观速报，预警发出之前地震已经发生，在忽略微小技术误差的情况下，预警的准确率理论上可达到100%。

相比之下，日本制定了较为完善的地震预警法律体系，其中地震预警信息发布环节很有特色。日本的《灾害对策基本法》《灾害对策基本法实施令》《地震防灾对策特别措施法》《大地震对策特别措施法》《日本放送法》和《气象业务法》中都有关于地震预警的规定。其中，《气象业务法》明确将紧急地震速报定位为地震动预报及警报地位，并对地震动预报及警报使用的规范名称、气象厅的信息发布义务、面向一般用户和高级用户的紧急地震速报的发布内容和条件等做了相关规定。日本气象厅紧急地震速报发布的内容包括地震发生时间、发生地点（震源）的初步判断、地震发生地点的地名等。

（3）虽然大多数省份都制定了地方政府规章对地震预警予以规定，但由于缺乏上位法依据，实际实施效果并不好。由于《突发事件应对法》尚未确立地震预警的合法性地位，在法律、行政法规层面无法找到能够适用于地震预警的具体规范，截至目前已有20个省份制定了地方政府规章，用于规范已经出现的地震预警活动，如《福建省地震预警管理办法》早已在2015年颁布实施。但由于缺乏上位法依据，加上对地震预警技术与预测预报技术的混淆，导致这些已经出台并实施的地方法规并没有很好地解决实践中地震预警出现的种种问题。

尽管地震预警技术目前只在地震领域得到应用，其获得的关注和认可也比较晚，但类似的技术思路并非不能被引入其他灾害管理领域。有鉴于此，为了全面发挥出突发事件应急预警制度的作用，尽可能对各类突发事件做出最及时迅速的信息传递，最大限度地避免或者减少突发事件所造成的人员伤亡与财产损失，应当尽快将地震预警作为一个新的概念引入我国的应急法律体系中并加以认真对待，《突发事件应对法》《防震减灾法》也应当对此尽快做出补充，新增关于地震预警的规定，将其纳入法律的调整范围。

二、地震预警的供给机制和政企关系

通过上述对我国地震预警领域相关的法律法规的梳理可知，20多个省份出台的地震预警管理条例或者办法均明确规定地震预警信息只能由政府或其授权的地震工作主管部门统一发布，其他单位和个人都无权发布。那么，地震预警服务的供给机制到底应该如何设计？是不是应当完全排除市场、企业的进入？如果允许政府和企业同时存在，政企关系又该如何界定？我们认为，在探讨这些问题之前，首先需要厘清地震预警信息传递的两种模式。

上述地方法规中规定的预警信息发布指的是针对不特定对象的、"点对面"的信息传递过程。在此之外，由于一些单位（例如高铁、地铁、核电站、矿山、供气、供电等企业）和个人对预警信息存在特殊需求，还会产生大量"点对点"的信息传递活动。对于后者，是否需要由政府包揽预警业务值得探讨。就算是对前者，即使出于公共安全的考虑以政府的名义发布预警，也不意味着政府需要自行研发和建设监测设施和预警装置。因此，立法上应当着重考虑如何通过最小的公共投入去撬动市场和社会资源，使地震预警服务的供给效率在政府、市场、社会多元合作的模式下达到最优。

1. "点对面"的预警模式

出于对公共安全、社会稳定、信息权威性等因素的综合考量，针对不特定公众发布地震预警信息的主体只能是政府。

首先，涉及公共危机应对的基础性服务属于政府必须保障的范畴，向不特定公众发布预警信息属于政府应当履行的基本公共安全保障义务，是政府必须提供的公共产品。

其次，预警信息的可信程度很大程度上取决于发布主体的权威性，相比于企业或个人，公众更愿意相信政府发布的地震预警信息。

最后，预警信息的发布具有自然垄断的特征，允许多主体同时发布将导致预警信息的不统一，极易引发社会混乱，增加社会成本。

即使如此，也不意味着政府需要亲自承担信息提供者的角色。政府完全可以向具备相应技术水准的科研机构或企业购买服务，委托后者在本行政区域建立监测台网和设置接收终端，在地震发生后自动以政府的名义向公众发布预警信息。这种面向公众的预警信息服务之所以可以采取外包方式来提供，与该种服务自身的特性相关。而在当前政府自身尚不具备预警能力的条件下，这种做法就不仅仅是可行和必要的，甚至还具有迫切性。

首先，地震预警属于不涉及公权力行使的公共服务。与动物防疫、垃圾清扫、园林绿化建设等类似，灾害预警的提供以满足社会公共需求为目标，但业务范围不直接涉及公权力的行使，且提供服务的费用主要由政府承担，使用人享有服务无须付费或仅需支付较低成本费用，属于公共服务委托外包的范畴。这种服务的委托外包，无论从主体、资金来源与使用、采购的标的以及外包的形式上看，都比较符合政府采购的特征，可以纳入政府采购的范围。

其次，地震预警系统的权威性与行政权力无关，而与核心技术相关。地震预警是全自动的秒级响应系统，其预警信息是由技术终端自动接收后发布的，不能人工干预，其技术上的可靠性与是否为权威机构运营无关。因此，政府在信息发布上的权威性并不能延伸到预警服务的提供阶段，如果现实中确有技术过关的科研机构或企业，政府通过外拓外包的方式向社会提供服务，并无损于预警系统的科学性、可靠性。

最后，政府部门在技术研发上的滞后使委托外包成为当前向社会提供预警服务的可行方式。福建、四川、甘肃等地方政府规章规定由政府向社会统一发布地震预警，意味着这项工作已经或即将成为当地政府的一项法定职责，而国家地震预警工程仍处于试验阶段，短时间内尚不具备服务提供能力。这就决定了这些地方政府在现阶段要依法履行向社会发布地震预警的职责，只能通过向企业购买服务的方式来实现。

即使从长远来看，如果委托外包服务的提供者能够保持稳定、良好的技术水准，政府就完全没有必要投入大笔资金去重复研发、建设地震速报监测和预警系统。政府可以"转变管理方式，从直接管理转变为宏观管理，从管行业转变为管市场，从对企业负责转变为对公众负责、对社会负责。"政府的功能一是要着眼于对服务提供者进行监管，以保证预警的准确性；二是通过引入竞争等方式推动服务提供者的技术进步，不断提高预警水平。以此为契机，完善社会力量和市场参与机制，加强地震部门的监管职能。总之，政府应当扮演的是一个"掌舵者"的角色，没有必要亲自去"划桨"。

2."点对点"的预警模式

面向不特定公众开展的预警服务并不必然满足某些特定行业或人群的特殊需求。例如，高铁、地铁、核电站、工厂、学校等场所可能需要更准确、更可靠、更及时的预警信息，常规地震预警技术可能无法满足其需要，此时就应当允许具备相应技术能力的单位来提供服务。服务提供者可以与特定用户签订协议，通过带有广播功能的专用接收终端、手机APP等媒介向这些特殊用户提供预警服务。

这种服务是建立在提供者和接受者平等交易、自愿选择的基础之上的，其法律关系、法律责任完全可以交给民法去解决，立法上没有必要另予特别限制。

地震预警服务具有公益性的同时也具有商业性，在特定条件下属于可以引入市场机制和自由竞争的领域。针对"点对点"的预警需求，即使公共部门和私人部门具备了相同的技术条件，由私人部门去满足这种需求也要比政府统揽的效率高得多。《突发事件应对法》第三十六条规定："国家鼓励、扶持具有相应条件的科学教研机构培养应急管理专门人才，鼓励、扶持教学科研机构和有关企业研究开发用于突发事件预防、监测、预警、应急处置与救援的新技术、新设备和新工具。"对有关机构和企业研发新技术、新设备、新工具的最有效激励方式，莫过于为其提供广阔的市场，研发者的利益诉求只有最终通过市场回报来得到满足，其投入的热情和资源才可能被推向极致。

当然，即使在"点对点"的预警模式中引入市场机制，也并不意味着政府的彻底退出，只不过其角色应当彻底从"运动员"转变为"裁判员"而已。而作为监管者，政府的核心任务是保障行业的健康、有序发展，而当务之急，是将地震预警服务本身可能带来的风险控制在一个可以接受的水平。

三、地震预警发布权配置问题

地震预警事关国家安全和社会稳定，攸关人民生命财产和生产生活秩序，因此地震预警领域立法的出发点和立足点应该是提高地震预警能力和水平，提高防灾减灾能力，从而实现应急治理体系和治理能力的现代化。

目前，各省出台的地震预警管理办法均规定："地震预警信息由省人民政府地震工作主管部门统一发布。"2019年，中国地震局在其官方网站发布的《地震监测预警管理办法（草案）》（征求意见稿）第十一条也规定："地震预警信息实行统一发布制度。经国务院和省级人民政府授权，由有关部门或者机构向社会统一发布。"之所以如此规定，有以下三点理由：第一，作为对人类最具危险性的自然灾害之一，破坏性地震的震害影响区域往往跨越市县行政范围，甚至影响周边几个省份。因此，相较于市县级政府，省级以上政府统一发布地震预警更为合适，并且可以避免各市县重复建设等问题。第二，如果允许市县级政府发布地震预警，可能会存在各市县发布的地震烈度等信息不一致的情况，会造成一定程度上的混乱。第三，《防震减灾法》第二十九条规定："国家对地震预报意见实行统一发布制度。全国范围内的地震长期和中期预报意见，由国务院发布。省、自治区、直辖市行政区域内的地震预报意见，由省、自治区、直辖市人民政府按照国务院规定的程序发布。"地震预警信息的发布应当也适用《防震减灾法》第二十九条的规定，由省级以上政府统一发布。

然而，以上支持省级政府发布地震预警的理由值得探讨：第一，由市县级政府发布地震预警并不会导致重复建设等问题。成都高新减灾研究所的第一代大陆地震预警网始建于2010年，已延伸至31个省（自治区、直辖市），覆盖面积220万 km^2，到2019年底，该网已经在全国建成了超过6300个地震监测台站，其中1200个台站在四川。由此可见，地震预警网的布设是统一的，各市县政府收到的地震预警的信号源也是统一的，因此不存在重复建设的问题。第二，即使各市县政府发布地震预警信息时涉及的地震烈度等信息不一致，也不影响地震预警最终需要达到的效果。因为发布地震预警的目的就是利用技术手段在地震波到达之前向可能遭受地震破坏的区域和用户发出地震预警信息，进而为人们采取应急措施提供短暂但十分宝贵的时间，从而减少经济损失与人员伤亡。地震预警是一瞬间的事情，就是起到告知危险的作用，至于发布地震预警时提及的烈度高一点低一点，只要没有太大的偏差，都不会影响最终需要达到的效果，人们要做的避险行为还是一样的。第三，《防震减灾法》并未就地震预警做出规定，其第二十九条规定的地震预报的相关条款并不适合于地震预警。地震预警不同于地震预报，地震预报是建立在事前征兆和概率判断的基础之上，是在地震发生之前由专家开会讨论、行政机构审批后人工向社会发布；而地震预警是地震发生之后地震预警网的全自动的秒级响应，是没有人为影响因素的。两者内涵完全不同，显然不能将地震预报的相关条款适用于地震预警。

党的十九届四中全会要求构建职责明确、依法行政的政府治理体系，厘清政府和市场、政府和社会的关系，深入推进简政放权、放管结合、优化服务。在"放管服"改革精神要求下，政府职能应当逐步向宏观调控、市场监管、社会管理、公共服务等方面转变。地震预警是涉及公共治理、社会参与的重大民生问题，应当通过政府、市场、社会多元合作的治理模式来提高地震预警能力和水平。因此，地震预警领域的立法上应当着重考虑的是通过最小的公共投入去撬动市场和社会资源，使地震预警服务的供给效率在政府、市场、社会多元合作的依法治理模式下达到最优。实际上，地震预警发布权没有必要统一到省级以上政府，而应支持县级以上人民政府发布地震预警，理由包括以下四点：

第一，依据《突发事件应对法》的规定和地震预警的全自动的秒级响应的科学特点，地震预警发布权没有必要统一到省级以上政府，应支持县级以上人民政府发布地震预警。

首先，《突发事件应对法》第四十三条规定："可以预警的自然灾害、事故灾难或者公共卫生事件即将发生或者发生的可能性增大时，县级以上地方各级人民政府应当根据有关法律、行政法规和国务院规定的权限和程序，发布相应级别的警报，决定并宣布有关地区进入预警期，同时向上一级人民政府报告，必要时可以越级上报，并向当地驻军和可能受到危害的毗邻或者相关地区的人民政府通报。"即县级以上人民政府发布突发事件预警是其法定的职责和权力，其对本行政区域内突发事件的应对处置工作负有第一响应职责。

其次，由地震预警的定义可知，地震预警信息发布行为的本质是地震预警网在地震发生时的几秒内将预警信息通过网络全自动传递到用户终端，其性能与建设地震预警网的机构的行政级别无关，与发布地震预警信息的机构的行政级别也无关。这些发布机构在地震时没有实质性的发布行为，只是表明其在平时认可该预警信息源的性能包括安全性与准确性等。因此，虽然地震灾害具有致灾范围大的特点，破坏性地震的震害影响区域往往跨越市、县行政范围，甚至影响周边几个省份，但是当地震预警网相同时，无论预警信息发布机构的行政级别高低，所发布的地震预警信息是相同的；当地震预警网性能有差别时，无论预警信息发布机构的行政级别高低，只要采用的地震预警网性能更优，其发布的预警信息就更优。

最后，地震灾害的区域性、局部性等特征决定了地震预警应当以基层政府为主导，这符合突发事件分级负责原则。

第二，目前各省已经出台的地震预警管理办法均规定："地震预警信息由省人民政府地震工作主管部门统一发布。其他任何单位和个人不得以任何形式向社会发布地震预警信息。"如此规定则意味着地震预警已经或即将成为当地政府的一项法定职责，但事实上国家地震速报预警工程仍处于试验阶段，需要建成后才能提供全国性的地震预警服务，短时间内尚不具备稳定准确地发布地震预警的能力。那么地方政府要想履行该职责，只能通过向企业购买服务的方式来实现，即以市县级政府名义发布地震预警信息，企业提供地震预警技术和设备支持。因此，如果市县级政府没有地震预警发布权，可能会导致市县应急管理部门和社会力量已建成的地震预警网不能发挥功用有效服务于社会，当地震来临时无法起到应有的预警作用，这也不利于保护民众的生命财产安全。

第三，根据灾害预警"叫应一体化"机制，应支持县级以上人民政府发布地震预警。针对地震预警领域，"叫"是指发布地震预警信息，"应"是指响应开展应急处置措施，如布设报警装置，将地震预警信息与电视信号对接，将地震预警信息与各学校、街道、小区对接等工作。地震预警工作的顺利完成既要有"叫"又要有"应"，如果只有"叫"没有"应"，或者"叫""应"衔接不紧密，也难以达到地震预警的理想效果。然而，"应"的工作是极其细致、落地的工作，只能由市县级人民政府具体承担。如果"叫"的工作（即发布地震预警信息）只能由省级以上人民政府实施，就会出现"叫""应"主体不一致的问题，也不利于地震预警"叫""应"两个环节紧密衔接。

第四，四川省依据《突发事件应对法》广泛开展了基于市县政府发布的地震预警实践。四川省的实践表明，支持市县政府配置地震预警发布权具有科学性、可行性和良好成效。12年来，四川省应用由市县地震部门与社会力量主导建设的地震预警网，在各市县政府的授权下，电视、手机地震预警已延伸到四川省所有21市州，连续成功预警76次破坏性地震，地震预警信息发布能力已走在全国前列，切实保护了人民的生命财产安全，产生了良好的减灾效益和社会效益，得到了人民群众和中央的高度肯定，也表明我国在此领域有所领先。

综上所述，在地震预警领域的立法中应当支持市县政府的地震预警发布权。同时，可以引入竞争机制，支持我国建立多张地震预警网，鼓励地震预警信息服务的若干主体之间的良性竞争。可以设定科学的强制性技术标准，严格市场准入，对服务提供者依法予以监管。对于新生的地震预警服务，给予必要时间和宽松环境探索治理模式，支持包括应急管理部门、地震部门和社会力量的良性互动，促进形成更优治理模式。立法部门应当通过对《防震减灾法》《突发事件应对法》的修订、解释来更好包容地震预警，更好地促进地震预警成果服务社会。

四、地震预警的风险及其规制

1. 地震预警的风险分析

20世纪70至80年代，现代化进程的加快，尤其是科学技术的突飞猛进，带来了很多传统社会不可想象的新风险，例如基因工程、核污染等，对人类社会的治理模式产生巨大挑战，人类已经步入贝克所提出的"风险社会"，风险规制已经成为行政活动的中心任务之一。

随着社会的发展进步，国家的安全保障义务开始受到重视，行政干预的界限发生提前，国家多了一项新的使命，即"风险预防"的职责和义务。

"风险预防"原则起源于环境法领域，它要求国家和社会在没有科学证据证明人类的行为确实会发生环境损害的情况下，采取预防措施，防止可能损害的发生。风险预防原则体现了"预防胜于后悔"的思想，但同时也赋予了行政机关界限难辨的自由裁量空间。为防止行政权肆意扩张带来更多的风险，有必要对规制的风险范围做出界定。

尽管学界对风险的界定众说纷纭，[1]法律也未明确风险的概念，但理论普遍认为，并非所有的风险都有必要纳入风险规制的范围。因为人类的所有活动几乎都伴随着风险，而有些风险通过现有科技手段无法消减或者没有规制的必要。因此，只有那些"已被认知"且被认知为重要的风险，才会成为风险规制的对象。这样的认知，使得风险规制中的风险不仅具有客观实在性，还具有主观上的建构意义，既取决于客观事实判断，又受主流价值观的影响。

依据以上对风险概念的认识，我们认为，地震预警活动当属政府风险规制的范围。首先，在当前技术条件下，地震预警存在着触发不当即误报、错报的可能，尽管其概率很低，在国内也尚未实际发生过，但这种概率在理论上无法被完全消除，一旦发生，可能引发不可逆转的严重损失，这种损失通过事前防范比事后补救效果更好。其次，地震预警造成的损失不是风险承受人自愿承担的，风险承受人没有能力认识风险的性质，也无法从中获取利益。最后，消减地震预警的风险需要专业的技术支持和相当的成本投入，个人无力承担。

风险只能预防和控制，而无法彻底消解，因为人类规避、控制风险的同时也

---

① 例如有学者认为并不是对所有的风险都需要政府运用公共手段消除或减轻，政府干预应当限定于提供公共产品或者防止一些公民对其他人的损害。参见赵鹏：《风险规制的兴起与行政法的新课题》，载《中国法学会行政法学研究会 2010 年年会论文集》。有学者认为风险的真正规制对象是建构意义上的风险，具有"主观性"。参见金自宁：《风险行政法研究的前提问题》，载《华东政法大学学报》2014 年第 1 期。有学者认为风险规制的对象是公共风险，公共风险标准是行政机关管理公共风险的依据，也是规范作为公共风险主要制造者的企业的行为准则，更是公众衡量某一公共风险高低的尺度。参见戚建刚、张景玥：《论我国公共风险监管法制之信任危机——以过程论为分析视角》，载《西南社会科学》2015 年第 4 期。

会制造新的风险。其实，地震预警的风险本身就是风险预防措施引发的风险，在性质上是一种替代性风险。所谓替代性风险，是指行政机关如果认识到特定的物质、产品或者活动具有风险，并基于风险预防原则对其进行限制甚至禁止，那么，受影响的个体可能会转而使用其他同样具有风险的物质、产品或者进行其他有风险的活动。

地震预警作为一种新的防震减灾手段，其技术误差风险替代了地震本身的风险，也替代了预测预报等其他防震减灾手段所引发的风险，但这种替代显然具有合理性与必要性。从成本效益的角度分析，真实世界并不存在一个"零风险"的状况，而且越趋于零风险时，为了降低单位风险水平，所付出的成本可能会有几何级数的增长。因此，有必要对规制行为本身、替代方案、不规制所产生的成本效益进行分析，用以证明规制方案的科学性和可行性。地震预警中的成本主要指预警本身可能造成的其他风险，主要是误报、错报风险。误报是指没有发生地震的情况下发布预警，错报是指预警的震级或预估烈度与实际偏差较大。需要注意的是漏报，即发生破坏性地震但未触发预警，也属于地震预警系统的风险。相较于地震本身和预测预报等替代方案产生的成本，地震预警的成本是可以接受的。

其一，虽然受技术限制，目前地震预警无法做到100%的准确率，但已经可以将误差控制在极低的范围内，[①]因此，除了技术失灵或人为破坏而导致的严重误报、错报，地震预警偏差的风险在大多情况下是可容忍的。其二，地震预警是一种"秒级响应"，其对错可以在几十秒钟之内迅速得到印证，即使发生误报、错报，在有科普和预警响应预案和误报响应预案的背景下，负面影响和引起的恐慌也是非常有限的。

根据国外经验，日本新干线的 UrEDAS 系统自运行以来也已多次成功发布地震预警信息，大大提高了新干线铁路运行的安全可靠性；墨西哥 SAS 系统自测试运行至 2009 年 3 月间，共成功发布 13 次"公开性"地震预警信息和 52 次"预防性"地震预警信息，准确度高达 100%。在国内，国家地震局预警试点建设测试运行至今，已多次经历实际地震的检验，初步显示具备预警能力；成都高新减灾研究所地震预警系统自 2011 年 9 月运行起至今连续预警 76 次破坏性地震，尚无一误报、漏报。因此，地震预警虽然具有误报、错报风险，但极大地削减了风险的

---

① 例如，国内最早建成的成都高新减灾研究所的大陆地震预警系统至今尚未出现误报、漏报，其对预警网内 28 次破坏性地震的预警震级均方根偏差为 0.35 级，不影响避险与紧急处置，在可容忍的偏差范围内。

社会总量，实际上达到了消减风险的目的，符合比例原则的要求，具有正当性和可行性。

当然，成本收益上的可行性也不意味着我们对地震预警中的风险应当无边界地承受。政府仍然需要对这种风险进行规制，要将这种无法避免的风险在花费最小成本的前提下降到最低限度，以此为目标建立完善的制度体系和标准。

2. 对地震预警风险的规制

对风险的规制包括事前和事后两个环节：事前规制表现为通过政府规制，让公共风险在一个公众可接受的程度上存在和运行，从而实现整体的社会福利改进；而事后规制，则是通过商业保险、社会保障和无过错赔偿基金等赔偿方式由公众一起来承担公共风险。从风险规制的常用手段出发，政府对地震预警的事前规制，主要包括强制信息披露、设定服务标准、设定并实施行政许可等。

第一、强制信息披露。

风险规制的前提是政府监管机构掌握完备的信息，在地震预警服务中，大量的信息掌握在被规制企业手中，如果没有相关规定，企业不会主动将风险信息公之于众。监管机构在掌握有限信息的前提下很难基于自由裁量做出有效决策；规制企业有可能利用信息优势追逐利益最大化，最终导致市场失灵、"劣币驱逐良币"；消费者在信息匮乏的情况下也极易与企业之间产生难以弥补的信任危机。因此，政府需要以法定的方式要求预警服务企业向行政机关定期报告并提供潜在的风险信息，对不提供或提供虚假信息的企业采取必要的强制措施或行政处罚。强制信息披露可以增加规制的灵活性，促进被规制者对规制过程的参与，减轻政府提供信息的压力，以及消费者对政府的依赖。强制信息披露除了要求企业公开一定范围的信息之外，对企业没有其他要求，不影响被规制企业的行动自由。

需要值得注意的是，政府在强制预警企业信息披露时要有所选择，不能强制要求公开与风险有关的所有信息，这一方面可以保证信息的有效性，提高风险规制的效率，另一方面可以给预警企业足够的主观能动性用以回应消费者乃至公众的质疑。而强制信息披露的范围，则需要监管机构根据实际情况做出科学决策。

第二、服务标准设定。

政府对风险的控制还应体现在设定服务标准上，只有达到相应技术标准并有足够实验数据支撑的企业才能够获得市场准入的资格。某个服务提供者如果出现了一定程度、一定频率的漏报、误报，将被取消市场准入资格。

标准设定较之信息披露是干预程度更高的规制方式，完善的标准设置不仅有利于激励规制企业提供更安全的服务，也有助于帮助消费者在其知识范围外做出理性的产品选择。但在目前，标准不完善是风险规制领域面临的一个普遍性问题，应当通过对标准制定、修改程序的系统安排，确保标准的设定能够充分容纳科学精神和政治考量，回应社会的需求。

对于地震预警来说，"科学精神"是指标准的设定要包含地震预警的技术指标，例如系统响应时间、盲区半径平均值、误报和错报率、终值平均偏差等。这些指标包含服务指标，例如是否为不同服务对象制定了科学有效的风险控制对策和应急预案；也包含管理指标，例如企业是否购买保险等。"政治考量"是指标准的设定也要包含民主的成分，在理性和公正、科学和民主之间做出权衡。因为风险规制的终极目标并不是创造零风险的理想状态，那样会耗费巨大成本，且有碍行为自由。因此，风险规制的过程也根本不可能是一个纯粹的技术分析过程，而是一个不可避免地会涉及利益权衡和价值判断问题的过程。比如，从成本效益分析的角度，不能苛求被规制企业做到 100% 的预警准确率；从科学原理角度，也不能奢求预警技术克服盲区半径的限制，这就要求规制机构运用公共政策、价值判断"面对未知而决策"。

在制定服务标准时，科学知识需要规制机构和专业人士的科学论证，而价值选择不能排除民众的有效参与。虽然普通民众有时候在风险面前表现出不理性乃至恐慌的一面，但不能因此否定民主参与的合理性。首先，公众参与是法治社会的应有之义；其次，广泛的民众参与可以促进风险信息交流，增进不同主体之间的信任；再次，在价值判断上没有所谓的专家和民众之分，面对不确定性的风险，作出公平的决定更重要；最后，民众的理性是种类似"情境理性"[①]的"智慧"，是合理行政的应有之义。因此，如果民众普遍认为某个机构提供的预警服务是不安全的，比如短期内误报的次数较多，即使该企业的核心技术已经达到合格标准，运营中也未出现人为过错，根据"信息不对称原理"（the asymmetry principle），也可以此为由取消其市场准入资格。

有关调查显示，我国公众对地震漏报风险的接受程度低（58%），对地震误报风险的接受度高（88%）。因此，在设定标准时，可对触发台站数目有更高的要求，

---

① 情境理性是指"理性"与否，必须放置在一定的情境里加以判断，情境理性概念可以充实和丰富作为行政法治原则要求之一的行政合理性。参见金自宁：《风险决定的理性探求——PX 事件的启示》，载《当代法学》2014 年第 6 期。

并在权衡预警时间和信息准确度上适度倾向于前者。

从标准的设定顺序来讲，应当优先设定企业标准，由其带动地方标准、行业标准和国家标准的设定。

首先，《标准化法》第十九条规定，企业可以根据需要自行制定企业标准，或者与其他企业联合制定企业标准。在地震预警领域，目前还没有可供适用的强制性国际标准、国家标准、行业标准和地方标准，而已经有企业开始运营有关业务，因此应根据法律规定制定科学严谨的企业标准，作为企业组织运营的依据。

其次，虽然企业标准在位阶上最低，但其实际要求往往高于国家标准、行业标准。根据《标准化法》第二十一条规定，推荐性国家标准、行业标准、地方标准、团体标准、企业标准的技术要求不得低于强制性国家标准的相关技术要求。实践中，大多尖端企业为了提高产品质量、加强企业管理，往往会自行提高标准从而获得竞争优势。因此，若已有企业制定出了地震预警的企业标准并通过备案审查，其对地方标准、行业标准、国家标准的制定便具有很强的借鉴意义。

再次，标准的制定一定要以技术试验为导向，以实践检验为依据。目前，有一定技术水准并经历实践检验的机构大多在企业，我国地震预警领域的大多数推荐性地方标准也都是在有关企业的参与和协作中制定的，例如四川省地方标准《地震报警器》《成都市地震预警系统监测台站建设规范》《成都市地震预警信息发布技术规范》等。

最后，地震活动具有一定的规律性，往往会在原地重复发生，因此地震预警技术的推广和发展也是区域性的，往往在地震频发的地方兴起，再逐渐惠及全国，最先在国内开展地震预警服务的机构恰恰处于作为主要震区的四川省。有鉴于此，标准的制定也宜以企业为先导，以地方为起点，逐步汇总整理为行业标准，最后达成统一的国家标准。

第三，设定和实施行政许可。

地震预警因涉及公共安全而具有公益性，因可以面向特定用户提供有偿服务又具有商业性。无论是政府购买服务还是其他单位、个人为满足特殊需求而自行购买，其盈利性自然会吸引资本的目光，这就需要政府根据实际情况确定市场准入的合适方式并进行有效监管。因此，在地震预警领域引入市场模式的同时，必须强化和规范相应的许可制度。设定和实施许可可以在事前阶段剔除不适格的主体进入市场，还可以合理控制市场开放的速度和广度。可以先允许符合条件的企业在较小范围内提供服务，使其提供地震预警的水平得到实践检验，社会公众对其可靠性积累了一定信心之后，再允许企业将服务范围扩展到更广的区域。

3. 地震预警触发不当的法律责任承担机制

风险无处不在，国家对风险的干预会引发新的风险，在规制风险的权衡中做出有代价的选择，从宏观上讲，社会整体利益因此提升，代价显得微不足道，但具体到个人，这种代价往往是难以承受的。地震预警服务具有很强的专业性，在该领域政府和相关企业往往独占信息优势，民众趋于被动选择相信政府发布的预警信息，但由于误报、错报蒙受损失，这种情况该如何赔偿？

风险损害具有不确定性、无限性、不可计量性、不可预期性、不可控制性和社会公共性，这些特征颠覆了传统侵权法"私对私"课以责任的救济方式，转向以分配和缓解风险为核心的成本分担问题。因为，像地震预警一样典型的风险领域往往是风险与收益并存的，我们既没有理由要求政府对所有行为附随的损害后果承担责任，也没有理由让被动承受规制的受害人忍受一切损害结果，而加害方承担责任的义务和能力也是有限的。这时，就需要建立一个完整的赔偿机制，解决如何以适当的成本、合理的形式将损害结果在不同主体之间平衡分担。

从另一个角度来看，对剩余风险所可能引发的法律责任进行合理分配，也可以反过来激励相关主体在事前采取更加有效的风险管控措施。

在现有的法律责任体系下，对地震预警触发不当所导致损害后果的救济思路大致如下：

首先，在"点对点"的预警模式下，服务的提供者和接受者是一种平等、自愿的民事关系，对于误报、漏报可能造成的损害赔偿，可以通过合同加以约定，如果事后发生纠纷，也可以通过民事争议解决机制去解决。

其次，如果是政府向企业购买预警服务并向社会发布预警信息，政府和企业之间的权利义务关系，包括法律责任，都可以通过行政协议来约定。而在协议的订立环节，政府可以通过设定严格的标准和竞争方式来遴选服务的提供者；在协议的履行环节，政府对服务提供者也可以进行监管。

最后，如果行政机关在发布预警的过程中违法行使职权导致相对人合法权益受损，受害人可依法主张国家赔偿；如果政府未尽合理注意义务导致公众受损，受害人则可以寻求国家补偿。

（1）政府的责任承担机制。

第一，国家赔偿责任。

根据《国家赔偿法》的规定，国家赔偿的归责原则已从单一的违法归责转为包括违法归责和结果原则的多元归责原则。由政府承担赔偿责任的一个理由是，既然行为人因为遵守政府规制而免除了侵权责任，那么相关政府机构就应该为其规制行为承担赔偿责任。

但在风险规制领域，国家赔偿机制存在一定的局限性。从立法层面来看，《国家赔偿法》的归责原则还是以违法原则为主，结果原则仅限于法律的明确规定，而风险规制领域涉及大量自由裁量权的行使和专业技术的判断，很难认定其违法性；从规制行为角度来看，国家依法履行规制职权、企业依规制提供服务的合规行为仅仅因为不确定性的损害事实发生就主张国家赔偿，不合情理，一是会扩大政府责任，进而限制公众的行动自由，二是会倒逼政府提高规制标准，导致规制过度。

在理论界存在数种重构国家赔偿责任的观点，[①]通过梳理分析可以发现，其核心观点是根据行政机关有无尽到应尽义务来判断行为的正当性。在风险规制领域，这种义务应当包括高度的注意义务。对地震预警而言，地震预警是国家为了防震减灾运用行政职权干预地震风险的手段，但这种干预会由于误报、错报等原因引发新的风险，民众基于强制或信任而遭受损失，例如因预警震级误差较大，导致避险不当引发的人身、财产伤害，这些风险是预警服务本身无法预测和消解的。在这种情况下，政府的责任是尽到高度谨慎的注意义务，将风险控制在最小范围，否则就应承担赔偿责任。行政机关的注意义务同时也是对相对人信赖利益的保护，行政机关在监管过程中未尽到注意义务而使民众基于对预警信息的信赖受到伤害，就应承担赔偿责任。

在地震预警中，行政机关的注意义务存在于规制行为的全过程，大体包括：① 监管义务，例如应及时取消不符合服务标准企业的市场主体资格，审查企业的免责条款、应急预案等；② 普及义务，包括向民众科普地震预警相关知识以及正确的避险措施，与企业合作组织预警演习等；③ 具体实施义务，包括发布预警信息等。

---

① 具体包括：（1）过失的客观化，即从违法结果的发生来推定过失的存在，从而不再论究行为人之注意能力能否预见该损害，亦即不考虑行为人之主观个别特性，专以一般善良管理人的注意义务为判断标准。（2）德国学界发展出的"违法对第三人之职务义务"。参见王锴：《从赔偿与补偿的界限看我国〈国家赔偿法〉的修改方向》，载《河南省行政管理干部学院学报》2005 年第 4 期。（3）对"违法"概念进行扩大解释，即包括一定情况下违法对特定人的职务义务等行为。参见马怀德、高辰年：《国家赔偿法的发展与完善》，载《中国法学会行政法研究会 2004 年年会论文集》。

第二，国家补偿责任。

在地震预警不当触发而致害时，若政府主管部门未尽注意义务导致民众受损，受害人可以寻求国家赔偿；若行政机关在行使职权中尽到合理注意义务，但由于不可控的风险使民众受损，则可寻求国家补偿。

首先，在政府无过错的前提下，地震预警引发的损失属于行政行为附随的损害结果，即合法的行政活动在实施过程中，对于相对人造成非典型且无法实现预见的附带结果或后果。这种附随效果纯粹是一种意外，具有偶然性，与行政机关的动机无涉，绝大多数国家的补偿范围实际上都包含此种类型的损害。[①]虽然我国学界对行政补偿的范围大小认知不一，但对于将行政行为附随损害效果纳入补偿范围几乎没有异议，[②]也有相关单行法律对其做出规定。例如，《疫苗管理法》中对合规疫苗致害的补偿责任就属于典型的行政行为附随效果的损害补偿。

其次，对这种情况引发的损害后果进行补偿具有必要性。一方面，公民只对一定范围内的社会风险承担具有容忍义务，超出该范围之外的特别牺牲理应由国家承担。国家发布预警信息是基于防震减灾的公共利益考量，基于公共负担平等负担理论，个别或部分公民为社会承担的特别义务或损害，国家应予以特别补偿。另一方面，预警信息发布的背后实际上是国家信用的背书，民众除非自行购买"点对点"预警服务，鲜有通过其他途径获得地震信息的能力，也不具备自行判断信息准确性的能力，因此，其信任唯一且权威的官方预警信息是一种必然，若这种信任将民众置于风险之下，国家理应对这种风险可能造成的结果负责，即使结果可能是因为民众错误的避险措施引发的。

最后，补偿责任的运用对于赔偿责任具有政策上的补充意义。一方面，补偿通常比赔偿范围要大，更多、更广泛地涉及公民、法人和其他组织的合法权益。相比于赔偿责任，补偿责任的认定标准更宽松、救济程序更快捷，也不需要严格遵守法律保留原则，因此具有更高的灵活性；另一方面，补偿的数额标准往往小

---

① 例如德国相关判例中所确定的牺牲补偿请求权。参见刘飞：《德国公法权利救济制度》，北京大学出版社 2009 年版，第 160 页。或如日本的"正当行为的结果责任"补偿制度。参见司坡森：《试论我国行政补偿的立法完善》，载《行政法学研究》2003 年第 1 期。

② 行政行为附随效果等同于李建良提出的"因公权力行为之附随效果所生特别牺牲之补偿"。参见《行政法争议问题研究》，五南图书出版公司 2000 年版，第 1196 页。也等同于毛雷尔提出的"征收性侵害"。参见[德]哈特穆特·毛雷尔：《行政法学总论》，高家伟译，法律出版社 2000 年版，第 719 页。

于直接损失，也小于赔偿额，可以成为民众无法适用国家赔偿而又必须弥补其损失时的替代方案。

（2）企业的责任承担机制。

作为地震预警服务的提供者，企业在地震预警触发不当时不可避免地将承担一定的法律责任。厘清企业的责任承担方式与范围，是保障行业发展的底层制度之一，它不仅能够倒逼企业提高预警水平，进一步减少风险，还可以使企业承担的责任变得可预期且可控，不会被意外事件所导致的法律责任所轻易摧毁。有关企业的责任承担方式具体包括：

第一，"点对点"模式下的民事责任。

当企业面向特定主体提供预警服务时，双方形成纯粹的民事关系，所订立的合同是民事合同，双方可以在平等、自愿的基础上约定企业的损害赔偿责任，在实际产生损害结果的情况下，还有可能引发违约责任和侵权责任的竞合。如果企业违反合同约定致用户蒙受损失，后者有权选择要求其承担违约责任或者产品责任，两种责任都遵循无过错归责原则，因此不需要证明企业是否尽到合理注意义务，用户可以选择最利于保护自己权益的方式要求其承担责任。

企业在用户接入预警服务时可能约定了免责条款，但免责条款的有效性还取决于合同是否有偿及用户的身份。若双方缔结的是有偿服务合同，则应区分用户是企业还是个人，若是企业，则依《民法典》五百零六条，企业只可约定一般过失的财产免责条款，对人身伤害的免责条款和故意、重大过失造成对方财产损失的免责条款约定无效；若是个人，则依照《消费者权益保护法》第二十六条，不能约定免责条款。若双方缔结的是无偿合同，由于合同具有公益性，不属于完全的商业服务合同，应当允许企业在合同中约定一般过失的免责条款，但同样不得约定对故意、重大过失的免责。

第二，行政协议中的混合责任。

在"点对面"服务模式中，政府可能向企业购买服务并向社会统一发布预警信息，企业应当承担的赔偿责任可以在行政协议中约定，如产生损害结果，企业有可能承担私法、公法上的两种责任。私法上的责任是指行政主体在面向受损方承担赔偿、补偿责任之后，有权依照行政协议约定向企业追偿，此时企业与政府之间产生的法律关系适用合同法。公法上的责任是指行政主体在行政协议的履行过程中对企业有监督权，有权对企业不履行、不适当履行合同义务的行为进行制裁，必要时可以采取强制措施，甚至取消企业营业资格。

第三，通过保险分散责任的机制。

公共风险自诞生之日起，就与保险密不可分。对企业来说，公共风险造成的损害往往超过了风险制造者的承受范围，投保可以有效分担赔偿责任，从而避免因某一次事故而面临破产。地震预警触发不当产生的风险在多数情况下是可控的，即使在极端情况下，发生了较大规模的漏报、错报事件，导致服务提供者没有足够财力赔付损失，也可以在立法上强制要求企业为自己的服务购买保险，作为损失赔偿的兜底机制。这种保险类似于机动车交通事故的强制责任保险，是一种兼具政策性的商业保险。

首先，预警触发不当可能造成的社会影响远远大于普通事故，如果将其设计为普通的商业保险，保险公司有可能趋于设置相对严苛的理赔标准，例如通过除外责任设置、另行特约承保、高比例分保等方式控制赔付责任；而企业面临较高的费率，也缺乏为消费者投保的内生动力。

其次，对地震预警服务保险的风险评估、厘定费率等涉及诸多专业问题，目前我国保险公司普遍存在风险评估专业程度不够、缺乏精算师等问题，也没有行之有效的统一标准。在此背景下采用纯粹的商业保险，保险公司容易因对风险的认知错误而严重亏损，也极易引发市场的混乱。

最后，地震预警服务保险兼具商业性和公益性，在政府的支持和引导下开展更有利于维护保险市场的稳定、平衡企业和消费者的利益。

五、对地震预警的保险政策的实践与思考

由地震预警系统的科学技术原理决定其在发挥减灾效应的同时，也不可避免地存在某些风险因素。建立风险共担的地震预警保险机制，有利于用好保险这一经济手段，更好地保障个人和其他用户的合法权益，推动地震预警事业的持续健康发展。据此，国内外一些研究者和地震预警行业的推动者提出了设立地震预警保险险种的可能性。早在 2014 年，成都高新减灾研究所就与相关保险机构对接，共同开展地震预警保险方面的协同研究，并于 2016 年启动了试点探索。

1. 地震预警保险的内涵与保险需求

地震预警保险是利用保险这一经济手段，按照概率论原理，由政府、企业、

个人和其他用户缴纳保险费的方式设立集中的保险基金，专门用于补偿因地震预警出现不良后果而造成的人身伤害与经济损失的一种保险产品。对于是否应当设立地震预警保险，目前还缺乏专题研究成果，但有的专家已经关注到这一问题并提出了他们的看法。现有的主要观点都认为，由于地震预警无法克服其技术误差带来的社会风险，无论其责任归属如何界定，都应当基于其公共性质引进保险这一市场化手段，以实现责任分担，更好地保障公众人身财产权益，同时也更加充分地保障我国地震预警事业的健康发展。比如，王绪瑾教授在 2016 年提出，因地震预警涉及公共安全，客观上存在一定的风险性，无论政府或民间机构建设的地震预警网、提供的预警服务，都应当有必要的风险防控和应急措施。地震预警的风险控制既要靠标准、法规来规范和管理，又需要采取保险这类分担风险的重要市场化手段。在林鸿潮教授看来，由于地震预警的技术误差无法完全消除，预警不当触发可能造成一定后果，政府必须对该种技术风险予以规制。以上观点涉及地震预警的技术逻辑、社会规制逻辑和市场逻辑三个层面，均反映出地震预警事业发展具有一定的保险需求。地震预警保险既可以为当事人提供必要的保障，又能够为地震预警事业发展提供更加充分的保障。

2. 地震预警的法律责任与保险责任

（1）政府：作为管理主体和发布主体的责任。地震预警作为一项公共事业，政府承担着行业规划与监管、信息发布、科学普及、应急处置等责任。目前我国国家层面还没有制定专门的地震预警法律法规，仅有一些地方性管理办法。按照《突发事件应对法》，县级以上地方各级人民政府作为管理主体，应当承担信息收集与发布、分析评估事件危害并开展应急处置与救援等责任。其中，在信息收集与发布方面，该法第三十七条规定，县级以上地方各级人民政府应当建立或者确定本地区统一的突发事件信息系统，汇集、储存、分析、传输有关突发事件的信息，并与上级人民政府及其有关部门、下级人民政府及其有关部门、专业机构和监测网点的突发事件信息系统实现互联互通，加强跨部门、跨地区的信息交流与情报合作。依据该法规定，目前已出台的省级地震预警管理办法通常将地震预警信息的发布主体设置为省级人民政府，发布主体应当承担主要的法律责任。

（2）机构：作为技术和服务供给方的责任。《突发事件应对法》中关于地方人民政府应当"通过多种途径"收集突发事件信息这一界定，为各种科研机构、企业、自然人、行业组织和各类社会主体参与建设应急信息系统提供了法律依据。

同时，这些主体作为技术或信息的提供者和应急信息系统建设的参与者，也应当承担相应的法律责任。就我国地震预警领域的具体情况而言，在地震预警系统研发、台站设置、信息生产与发布诸环节存在政府授权或委托、购买服务行为，吸引了一些国有和民营机构参与。这些参与地震预警技术研发、台站建设、系统运维、信息产生发布、技术支持等环节的社会主体（也包括个人），都是地震预警系统的技术和服务供给方，它们对地震预警的后果也应当承担与其实际作为相应的法律责任。由于这些技术和服务得到了政府的授权、委托或许可，它们的广泛参与本身就是我国地震预警事业发展和进步的一种表现，也是今后地震预警提升高质量服务水平的内生动力。相关政府部门在厘清其法律责任、制定更加完备的地震预警技术服务规范和标准的同时，也应当对其健康发展提供业务指导和政策支持。由此可见，在应对地震预警的次生风险中，各类参与的机构、企业乃至个人都有其责任，政府也应当承担起管理责任。

（3）用户：作为地震预警客体的责任。地震预警的用户群体非常广泛，从广义上讲，包括通过各种渠道接收到地震预警信息的所有主体；从狭义上讲，则只包括订制了地震预警服务、具有法定权利义务关系的地震预警信息接收者。从我国地震预警十多年来的实践来看，它的用户群体主要包括政府机关、特殊行业企业、学校等事业单位、一般公众。前文已经分析，如果地震预警用户自身行为失当，将会直接影响地震预警系统的减灾效果，用户作为民事法律行为主体，同样应当对发生地震预警次生灾害后果承担一定的责任。用户作为地震预警客体，本身就是地震预警系统的服务对象。在地震预警客体行为引导方面，政府承担着面向社会和公众开展日常地震预警科普及演练等责任。相对于我国日益完备的地震预警系统建设来说，社会和公众对地震预警信息的利用水平仍然是一个短板，政府在发展地震预警事业过程中，既应当加大对社会和公众的科普演练以增强减灾效果，也应当引导形成有利于地震预警事业发展的社会宽容水平。并且，在界定地震预警法律责任的过程中，应当厘清相应主体的过错责任，充分考虑地震预警的技术属性和公共性质，明确具体的免责事项。比如，林鸿潮教授曾经提出，除去人为原因，对于因科学技术水平所限造成的合理误差，不应承担法律责任。

3. 成都高新减灾研究所对地震预警保险的实践探索

在地震预警保险实践方面，自2014年起，成都高新减灾研究所就开始与部分高校研究者、保险机构共同探索设立保险分担地震预警风险措施。2016 年 8 月，中国人民财产保险股份有限公司宣布，承保成都高新减灾研究所研发和已经安装的地震预警接收设备，若被承保的中小学、社区因该地震预警技术系统产生误报、漏报导致人身伤害的，可获一定金额的意外伤害保险赔偿。

王绪瑾教授就此认为，将地震预警应列入保险范围，是一个重要的进步，也是非常有益的探索，此举有望促进地震预警事业的健康发展，并推动地震预警更快更好地提升实际应用效果。但是，此项保险业务尚未有实际案例发生。究其原因，一是成都高新减灾研究所发布的地震预警信息未发生误报、漏报现象；二是在地震预警的实际运行中，用户群体规模总体上还不够大，风险面总体较小；三是我国在地震预警科普及社会演练方面取得了积极进展，未因用户应对不当造成严重的人身伤害和次生灾害；四是社会对于国家地震预警事业发展具有较高的宽容度，在严重的地震后果面前，公众倾向于接受一定程度内的地震预警信息误报和漏报。

4. 设立地震预警保险险种的可能路径

（1）地震预警保险的相关保险险种。

地震预警保险是实现政府、社会、企业和个人互助，增强防震减灾效果，减轻政府财政压力，保障人的生命安全，减少地震次生灾害、有效维护社会稳定的一种保险产品。对于地震预警客体来讲，地震预警的风险因素主要包括人身安全和财产安全两个方面，其影响不是直接灾害，而是间接和次生灾害。

① 人身保险。从我国现行的保险制度来看，以人的身体为保险标的的人身保险主要包括寿险、个人意外伤害保险、个人意外医疗保险、旅游意外保险等。以上诸保险险种中，从理论上讲都存在与地震预警保险连接的可能性。从相关性上看，地震预警保险与个人意外伤害保险、个人意外医疗保险的耦合度更高，将地震预警保险险种归并入以上两个险种具有可行性。中国人民财产保险股份有限公司所承保的成都高新减灾研究所地震预警保险，就将其归入了个人意外责任险的范围。

② 财产保险。就财产险而言，在现行保险框架下，也同样可以将地震预警保险归并于相关财产保险险种当中。以地震险为例，目前我国的地震险还不能单独投保，它是附加在一些相关的财产险种下的，由附加破坏性地震保险条款给予具体规定。对于误报、漏报地震预警给特定用户造成的财产损失，依据责任认定，

同样可将其列入地震险的一个特殊类型予以归类和识别保险责任。

（2）地震预警保险的可赔范围与免赔范围。

① 可赔范围。从地震保险来看，目前国内一些寿险公司已经将地震纳入了承保范围，以人的身体和寿命为保险标的的人身保险，其保险责任中一般都包含了对地震后果应当承担的责任。如果将地震预警保险作为个人意外伤害保险和个人意外医疗保险的一个子类纳入，购买此类保险的客户可以因在地震预警事故中身故或伤残的具体情形获得相应赔偿，受伤以及接受住院治疗的可按照相关保险条款约定获得保险金给付。从中国人民财产保险股份有限公司的地震预警保险实际案例来看，在人身险和财产险两方面的承保金额都会比较低，这也增强了其现实性与可行性。

② 免赔范围。地震预警风险尽管涉及的用户众多，但从近几年的实践来看，其所带来的实际损失总体上不明显，加上地震预警事业所具有的公共性与公益性，保险公司就可能有意愿承保地震预警保险。从另一个维度看，如果地震预警所带来的损失可以忽略不计，或者社会、公众和行业对其风险后果具有极高的宽容度，那么投保人就缺乏购买地震预警险的意愿，保险公司也会因此而缺乏积极性。目前我国还没有就设立地震预警险做出制度性规定，究其原因，应当兼有以上多种因素。当然，可能的原因还包括中小学、社区、工厂的用户数还不够多。地震预警保险免赔范围的确定较为复杂，主要原因在于其责任的认定难度较大。相对于地震来说，地震预警风险是因人为因素而非自然原因而造成的，但对于因科学原理和技术水平所限造成的合理误差而导致的损害，应当纳入免赔范围。如果要设立该险种，需要从大量的实际案例出发来具体讨论免赔责任。

5. 思考与建议

（1）基于地震预警的风险因素，应当将其纳入保险范畴。由地震预警的科学原理决定，其秒级响应、自动触发、与时间"赛跑"的特点使其可能发生误差。同时，与技术水平有关，地震预警在台网、预警中心、警报器和安全自动控制附属设施、软硬件系统集成、次生灾害源自动控制装置、信息传输与终端接收等环节都不可能完全避免失误。地震预警系统的误报、漏报，可能给不同主体带来人身与财产方面的损失，将其纳入保险体系，有助于人身伤害与财产损失的救济，有助于通过保险分担风险责任，有助于推动我国地震预警事业的持续健康发展。

（2）综合考虑其公共性与市场性，实行多层次的责任分担。地震预警作为一个服务公共安全的系统性工程，离不开政府的政策法规、行业管理、体系构建、技术促进、社会应用、科普演练等方面的保障，在技术研发、系统建设、信息发布等方面离不开科研机构和相关企业的参与，在实践应用上离不开行业、机构、企业、个人以及社会方方面面的接受。地震预警风险的法律责任和保险责任认定在客观上具有较大的难度，但基于其建设的必要性、公共性以及参与主体的广泛性，应当探索建立由政府、相关企业和个人共同承担投保费用的地震预警保险框架。根据我国地震预警事业的现状，结合多地地震巨灾保险的试点经验，由于因地震预警造成的实际损害难以准确评估，前期应当以政府投保为宜，保费全部由政府财政支付；后期在综合考虑各主体责任的基础上，建立多主体共同承担机制。但是，具体费率还需要实践中的大量数据来支撑，目前这方面的实际案例很少。

（3）地震预警暂不具备设立独立险种的必要性，可纳入其他险种子类。与地震预警保险关系最密切的是地震险、个人意外伤害保险、个人意外医疗保险和财产险。保险机构可将其作为一个特殊类型纳入以上各险种子类。由于当前地震预警风险总体不大，在实践当中各种主体可能缺乏投保积极性，保险机构也同样缺乏设立地震预警保险险种的积极性。只有在政府的引导和推动下，地震预警保险才能够全面纳入相关保险体系。

（4）继续提升社会宽容度，为地震预警事业发展创造更好条件。从总体上看，我国的地震预警投入实际应用的时间还比较短，相关的法律法规、保险制度还缺乏专门的研究和规范，地震预警系统的技术水平、覆盖范围、实践效果都还需要进一步提升。建议有关政府部门与相关行业、企业携手，在每年防震减灾日集中开展相关的科普宣传教育，在地震高风险区域开展常规性地震预警演练，让更多的公众认同、接受、用上、用好这一系统，共同提升我国地震预警系统减灾实效。在此过程中，政府、行业和相关企业应当持续深入开展宣传引导，逐步提升社会宽容度，减少地震预警带来的次生风险，减少地震对人民生命财产造成的损害。

第四章
PART FOUR

基层政府和地方地震部门在我国地震预警体系建设中的作用

　　地震预警服务公共安全。党中央、国务院高度重视灾害预警、地震预警的工作，应急管理部、中国地震局等部委也从政策、技术研发、团队建设、项目建设与服务、国内外合作等方面积极推动，成效突出，是中国地震预警领域的主力军。

　　同时，地震预警系统的技术体系研发，地震预警网与地震预警接收网络的建设、服务与管理是一个系统工程，在中国是一个全新的事物，没有先例可循。国外的经验、资金投入规模与模式也不能完全借鉴，尤其是 2008 年时，国外也只有两个国家（墨西哥、日本）启用了地震预警系统，经验也比较有限。国内外的情况都表明确实需要系列技术、机制和服务创新。而这些创新既涉及技术，又因为地震预警事关公共安全，这些创新需要行政协同、支持。这种涉及行政领域的创新、先行先试，有两条路径可走：一是从上至下，一是从下至上。从上至下方面，由中国地震局牵头推动科技项目、工程项目并配以相关的政策法规举措；从下至上方面，由成都高新减灾研究所与从基层政府（地震部门）合作做起，先行先试、循序渐进提高合作的行政层级，也是一个自然的、事实证明行之有效的方式。2020 年，中国地震局与成都高新减灾研究所签署合作备忘录，共建中国地震预警网，标志着这两条路径殊途同归了。以下探讨基层政府和市县地震部门在我国地震预警体系建设中发挥的创造性作用。

一、市县政府及其地震部门对地震预警事业支持的典型案例和成效

　　（1）2010 年 11 月—2011 年 4 月，汶川大地震余震区的市县地震部门支持建立地震预警试验网。成效：

① 建立了中国首个地震预警网。

② 实现了中国首次预警地震。

③ 系列实际地震的预警成效验证了全链路的地震预警技术体系，实现了地震预警技术研发从实验室到野外试验，实现了从监测仪器试验到地震预警网试验。

④ 通过系列实际地震预警的检验，验证了基于 MEMS 传感器的地震预警监测仪器的可行性。

⑤ 通过系列实际地震预警的检验，验证了地震预警监测站的堪选、监测仪器的安装方法的可行性。

⑥ 通过系列实际地震预警的检验，验证了基于分布式计算的地震预警技术方案的可行性。

⑦ 通过系列实际地震预警的检验，验证了民办科研单位在市县地震部门的支持下建立地震预警网的可行性。

⑧ 通过系列实际地震预警的检验，表明了全球首个由民营科研单位主导建立地震预警网的可行性。

（2）2011 年 8 月，成都高新减灾研究所与甘孜州防震减灾局共建甘孜州地震预警网。成效：

① 验证了汶川余震区的地震预警网建设方案可以在四川其他区域包括高原区域和其他地质条件应用，为四川地震预警成果走出四川，奠定了基础。

② 验证了非余震区的市县地震部门也愿意与民营科研单位合作建立地震预警网。

③ 预警了 2014 年康定 6.3 级地震。

④ 预警了 2022 年 9 月泸定 6.8 级地震，验证了大陆地震预警网长达 11 年的长期稳定性。

（3）2012—2014 年，全国各地市县地震部门支持建立覆盖 220 万 km^2 的大陆地震预警网。成效：

① 建立了延伸至全国 31 个省（自治区、直辖市）的、覆盖 220 万 km^2 的大陆地震预警网。

② 验证了民营科研单位可以建立一个全国性的互联互通的地震预警网，为世界首创。

③ 充分表明了各地市县地震部门为了民众的地震安全、为了民众享有地震预警服务的积极开拓精神。

④ 助力科普了地震预警，为地震预警面向民众的科普奠定了良好基础。

（4）2011 年 9 月 20 日，成都高新减灾研究所与成都市防震减灾局共同开启中国首个公众体验地震预警活动。成效：

①中国首次开启了公众接收地震预警信息的服务。

②地震预警在中国从技术试验延伸到社会试验、社会服务阶段。

③开启了市级政府（地震部门）与社会力量共同服务民众的地震预警的工作模式。

④验证了在控制应用风险的条件下开启中国地震预警服务的可行性。

⑤全球首次实现了手机地震预警声音含有"倒计时"功能。

⑥助力科普中国社会地震预警。

⑦开启了地震预警"点对点"服务民众个体的方式，为地震预警"点对面"的电视、手机服务不特定公众积累经验。

（5）2011 年 11 月，成都高新减灾研究所与四川江油市防震减灾局、甘肃文县防震减灾局、陕西宁强防震减灾局等共同开启汶川余震区的 5 所中小学的地震预警服务。成效：

①中国首次实现了地震预警服务学校。

②验证了中小学进行地震预警演习的可行性、安全性。

③验证了中小学开启地震预警服务的可行性、安全性。

④验证了在科普、演练的背景下，地震预警"点对点"服务限定区域（中小学）的特定公众的可行性、安全性。

⑤验证了民营科研单位提供"点对点"地震预警服务的可行性、安全性。助力科普社会地震预警。

⑥为地震预警"点对面"的电视、手机服务不特定公众做准备。

（6）2014—2015 年，成都高新减灾研究所与成都市防震减灾局、成都市安监局共同开启化工厂、地铁等的地震预警服务。成效：

①在中国率先开启了地震预警服务重大工程、工厂。

②地震部门、安监部门支持社会力量开启地震预警服务工程、工厂。

③带动其他行业应用地震预警。

④为学校、工程、工厂等场所开启付费的地震预警服务模式奠定了基础。

（7）2015 年，在凉山州防震减灾局的支持下，西昌卫星发射中心开启地震预警服务。成效：

①国家重大工程首次启用地震预警。

②用户认可了地震预警的可靠性等性能取决于技术系统自身，与社会力量直接合作，启用地震预警服务。

③带动了其他核反应堆、高铁等国家重大工程应用地震预警。

（8）2012年5月，汶川县政府、汶川县防震减灾局支持开启汶川电视地震预警服务；2013年1月，北川县政府、北川县防震减灾局支持开启北川县电视地震预警服务。成效：

①中国首次开启了电视地震预警服务，开启了地震预警"点对面"服务不特定公众模式。

②开启了依据《突发事件应对法》《防震减灾法》，县级政府依法授权，采用社会力量与地震部门共建的地震预警网的预警信息，向授权区域发布地震预警信息的"点对面"模式。

③为市州开启电视、手机地震预警服务打下基础。

（9）2018年5月，德阳市政府、宜宾市政府、德阳市防震减灾局、宜宾市防震减灾局与成都高新减灾研究所共同开启中国首批市州电视地震预警服务。成效：

①中国首批市州首次开启了电视地震预警服务。

②开启了依据《突发事件应对法》《防震减灾法》，市州政府依法授权，采用社会力量与地震部门共建的地震预警网的预警信息，向授权区域发布地震预警的"点对面"模式。

③为省级开启电视、手机地震预警服务打下基础。

（10）2019年6月，成都市政府、成都市应急管理局授权开启成都市电视、手机地震预警服务。成效：

①国家中心城市、省会城市首次授权发布电视、手机地震预警。

②成都市，作为国家中心城市、省会城市，应用电视、手机地震预警，对四川省乃至全国有很强的示范带动作用。

③全国性电视、手机地震预警服务的开通，进一步促进了各级各地政府了解地震预警的进展和成效，促进了良好政策的制定，促进了地震预警管理机制的优化。

值得强调的是，除了以上列举的市县以外，安徽省滁州市、江苏省徐州市、云南省大理市、云南省昭通市、云南省昆明市、山东省济南市、河北省张家口市、四川省成都市、四川省雅安市、四川省阿坝州、四川省甘孜州、四川省凉山州、陕西省汉中市、甘肃省陇南市、湖北省宜昌市、贵州省毕节市等在各省的地震预警网建设中先行先试，攻坚克难，多元一体，带动了大陆地震预警网在各省市的建设、服务，共同推动了中国地震预警事业的发展。

同样值得强调的是，中国地震局一直高度重视地震预警工作且作为主力军，成效尤其突出：从 2000 年前后开始研发地震预警技术、2010 年承担科技部科技攻关项目、福建省地震局的研究研发与建设地震预警网的系列创新性工作、承担国家发改委的系列项目包括背景场项目中的地震预警项目及 2018 年开始建设的国家地震烈度速报与预警工程，作为主力军、骨干力量成效突出。同时，2008 年以来与成都高新减灾研究所相互借鉴，共同促进了中国地震预警事业的进步。尤其是 2020 年 11 月，中国地震局与成都高新减灾研究所签署合作备忘录，共建中国地震预警网，开启了更加深入的合作阶段，同时，也是对成都高新减灾研究所与基层政府和市县地震部门合作成效的充分肯定。

二、四川省及成都市对地震预警事业的特殊支持

2008 年汶川大地震导致了重大人员死伤，全国人民都在悲痛之中，都希望防震减灾科技包括预警科技能够充分应用，减少地震导致的人员伤亡和次生灾害。汶川大地震发生在四川，成都市作为四川省的省会城市、国家中心城市，拥有良好的科教资源、人才资源、媒体资源，拥有良好的创新创业环境，事实上对于发展我国地震预警科技，开启我国地震预警服务，建立我国地震预警乃至多灾种预警领域的创新自信，起到了地震预警领域的"创新中心"和"策源地"的作用。四川省、成都市对此采取的几项典型支持措施包括：

1. 人才政策支持

（1）地震预警系统监测的是地震波，需要传感器、电子信息技术来监测，需要地震学、物理学、电子信息技术等知识来分析处理数据，服务社会时需要社会学、应急学、法学等知识，知识领域跨越多个学科。成都市高校众多，省地震局、成都市防震减灾局也在其中，各方面人才集中在成都市，便于汇集人才，进行集中攻关。例如，2011 年 7 月，成都高新减灾研究所与四川省地震学会联合举行了"地震预警风险及控制研讨会"，为地震预警从技术试验到社会试验做好了社会应用风险的准备。

（2）四川省委省政府、成都市委市政府都制定了良好的引才育才用才政策。例如，王暾 2011 年成为四川省特聘专家、2012 年入选成都市顶尖创新人才、2013

年经过四川省推荐入选国家高层次引进人才计划。王暾也成为我国地震预警领域唯一入选该计划的人才。

（3）依靠成都市顶尖人才计划、四川省高层次人才引进计划、国家高层次人才引进计划，成都高新区、成都市、四川省乃至国家对王暾博士在地震预警领域的创新创业给予了大力支持。

2. 创新创业环境对先行先试和项目的支持

（1）先行先试的支持。

2008 年时，中国无地震预警技术、无地震预警网、无地震预警服务、无地震预警政策。先行先试地逐步试验、开拓、尝试，是实现中国地震预警领域从无到有的关键措施。四川省、成都市对地震预警领域的系列先行先试支持有力地推动了中国地震预警试验的进步：中国首个地震预警网建成，中国公众首次体验地震预警，中国首批中小学启用地震预警，中国首个电视地震预警，中国首个城市地震预警系统建成，中国首个通过省部级科技成果鉴定的地震预警成果，中国首个地震预警标准编制，中国首次预警破坏性地震，中国首次预警 7 级地震，科技部认定的地震预警领域的首个国家重点新产品，中国首个化工企业应用地震预警，中国首个地铁应用地震预警，中国首个电梯应用地震预警，中国首个将地震预警应用纳入民生工程，中国首次地震预警服务卫星发射中心，中国首个火箭军应用地震预警，中国首个核电站应用地震预警，中国首批市州电视地震预警启用，电视地震预警延伸到四川省所有 21 市州，中国首批"村村响"接入地震预警功能，中国地震预警服务亿级手机用户，中国首批机场地震预警系统启用，地产行业龙头企业碧桂园首次启用地震预警服务，"中国智造"地震预警成果首次在印度尼西亚预警破坏性地震等，这都是四川省、成都市支持的结果。

（2）项目支持。

地震预警技术的研发、地震预警网的建设与运行都需要持续的资金支持。四川省委组织部、省科技厅、省地震局，成都市委组织部、市科技局、市防震减灾局、市应急局，成都高新区等部门都积极支持成都高新减灾研究所的人才项目、科技项目和工程项目，从资金上支撑、培育了"四川智造""成都智造"地震预警技术成果，并从资金上支撑了大陆地震预警网在四川省外的建设与运维。

2011 年 7 月，成都市采用成都高新减灾研究所成果建设成都市地震预警网，开启了地方政府采购地震预警装备，建设正式地震预警网的尝试。此外，成都市还率先建立了由地方政府提供经费帮助学校和社区建立地震预警服务的模式：2013 年，成都高新区管委会支持辖区内的中小学全面启用地震预警；2015 年，成都市采用成都高新减灾研究所成果覆盖 100 所中小学和社区的地震预警服务；2018—2019 年，成都高新区管委会支持辖区内所有社区启用地震预警。

3. 行政支持

地震预警服务公共安全，而公共安全是政府的主责，地震预警需要政府、地震部门的认可才能服务社会。四川省、成都市从行政上支持发展"四川智造""成都智造"地震预警成果的典型案例如下：

（1）2011 年 9 月 20 日，成都市防震减灾局与成都高新减灾研究所共同举行了中国公众首次体验地震预警的活动。成都市从行政上支持了地震预警首次从技术试验到社会试验。

（2）2011 年 11 月 1 日，成都市龙王庙正街小学参与了中国首批中小学启用地震预警活动。成都市从行政上支持了地震预警首次从技术试验到人员密集场所的试点。

（3）2015 年，成都高新区的政务微博启用地震预警服务，支持建立了地震预警向不特定公众提供地震预警服务的模式，既带动了另外的 50 家政务微博启用地震预警，又推动了后续的电视、手机地震预警服务。

（4）2015 年，四川省政府主要领导支持四川制定良好的地震预警管理办法。

（5）2019 年，成都市政府、成都市应急管理局授权支持成都市全面开通电视、手机预警。

4. 宣传支持

地震预警的持续科技创新需要告知社会，既可以获得更多支持，也可以增强创新自信，还可以向国内外宣传我国地震预警技术的创新成效。同时，地震预警是小概率事件，政府与民众在非地震时难以关注到地震预警，需要媒体持续科普，以让民众知晓地震预警及其应用方法；地震预警作为新生事物，需要持续宣传，以让决策者、专业人员知晓后制定良好的法规。为此，四川省、成都市、高新区组织、支持了媒体的持续关注和报道：

（1）2009 年，成都高新区开始组织媒体报道成都高新减灾研究所创新成效，开启了成都高新减灾研究所与媒体的直接对接。

（2）2011 年 4 月 25 日，中国首条地震预警信息发出后，高新区协调中新社等媒体进行了报道，引起了成都其他媒体的深入探讨。四川新闻网评论：以生命名义祝福成都地震预警试验成功。该新闻后，开启了在蓉媒体对成都高新减灾研究所的持续、深入关注。

（3）报道成都高新减灾研究所的媒体主要来自在蓉有记者站或分社的媒体，如《人民日报》、新华社、中央广播电视总台、中新社、《科技日报》、《四川日报》、四川在线、《华西都市报》、《成都日报》、《成都商报》、成都高新融媒体、《21世纪经济报道》、《四川工人日报》、四川电视台、成都电视台、《成都晚报》、《天府早报》等。

（4）成都媒体启动了地震预警管理机制的讨论平台。2013年2月19日，中国首次成功预警破坏性地震后，网上出现了质疑成都高新减灾研究所的声音，针对地震预警的技术方案、服务方案、管理机制，《21世纪经济报道》采访了王暾博士，对网上质疑进行了正面回应，带动了更多媒体对地震预警机制的探讨。2013年4月20日四川芦山7.0级地震、2014年10月7日云南景谷6.6级地震等地震预警成功以及2015年8月11日北川地震预警演习事件后，都出现质疑，在蓉媒体与全国各地媒体都进行了广泛讨论，这促进了对地震预警领域的管理机制的认识。

（5）2019年6月17日，四川长宁发生6.0级地震，成都市民众提前60秒收到预警，成都市广大学校、社区尤其是高新区80%的社区启用地震预警"倒计时"震撼全成都市。在蓉媒体进行了广泛深入的报道，带动了全国民众在朋友圈、自媒体上的全面传播。据不完全统计，该次预警的新闻阅读量为25亿人次。该爆火的新闻带动了美国、日本、欧洲的主流媒体广泛报道中国的地震预警成效，进一步带动了这些国家的网民点评互动，提升了中国地震预警的国际知名度。

总之，自2008年汶川大地震以来，瞄准建立中国的地震预警服务体系和治理体系这一目标，各级政府和地震部门与成都高新减灾研究所循序渐进、以点带面、从下至上地探索了地震预警体系、服务、机制之路，支持中国建立了全球领先的地震预警技术体系，参与探索了地震预警的治理体系，得到了国家地震主管部门的认可。这些成效与中国地震局从上至下推动取得的成效共同构成了我国地震预警机制创新实践成效，对于其他涉及公共服务领域的科技创新具有参考价值。

PART FIVE

第五章

十次典型地震预警案例

大陆地震预警网自 2011 年已监测到超过 10000 次的地震，连续成功预警了 76 次破坏性地震，并对其中一些非破坏性地震都产出了预警信息。本章介绍十次典型的地震预警案例，这些预警案例或者产生了减灾实效，或者推动了中国地震预警事业发展，都具有典型意义。

一、2011 年 4 月 25 日，中国首次成功预警地震

1. 地震预警情况简介

2010 年 11 月，汶川建立了中国首个地震预警监测台站。2011 年 4 月，在汶川余震区，成都高新减灾研究所与市县地震部门共建了 130 个地震预警监测仪，组成了汶川地震预警与烈度速报监测网，汶川地震预警与烈度速报系统的中心平台初步搭建，进入试运行阶段（见图 5.1）。

2011 年 4 月 25 日 13 时 5 分 41 秒，汶川发生 2.7 级地震，汶川地震预警与烈度速报系统首次产出地震预警信息，系统提前 22 s 向成都发出预警，标志着中国首次预警地震。

2. 该地震的预警对地震预警事业的推动

该次预警的地震，虽然震级小，只有 3 级左右，但是对该地震的预警标志着中国地震预警从无到有，是一个里程碑事件。由于 2008 年汶川大地震导致了重大人员死伤，民众和媒体对地震预警高度期待。该地震预警被中新社首先报道，立即成为热点新闻，不少民众和网友也很疑惑：地震不能预报，为什么能预警呢？网友的热评激发了四川

新闻网评论文章"以生命名义祝福成都地震预警试验成功"（见图 5.2）。该评论还体现了地震预警工作在中国的意义。

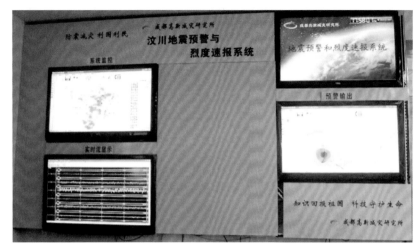

图 5.1　2011 年 4 月发出预警的汶川地震预警与烈度速报系统平台

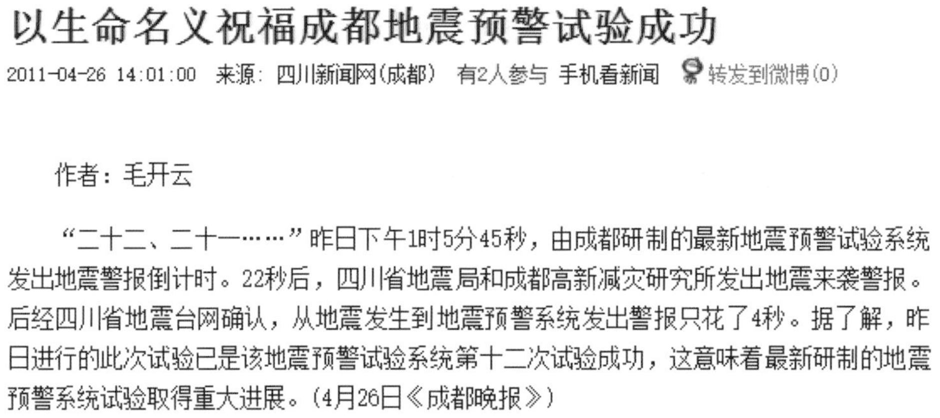

以生命名义祝福成都地震预警试验成功

2011-04-26　14:01:00　来源：四川新闻网(成都)　有2人参与　手机看新闻　🐦转发到微博(0)

作者：毛开云

"二十二、二十一……"昨日下午1时5分45秒，由成都研制的最新地震预警试验系统发出地震警报倒计时。22秒后，四川省地震局和成都高新减灾研究所发出地震来袭警报。后经四川省地震台网确认，从地震发生到地震预警系统发出警报只花了4秒。据了解，昨日进行的此次试验已是该地震预警试验系统第十二次试验成功，这意味着最新研制的地震预警系统试验取得重大进展。(4月26日《成都晚报》)

图 5.2　2011 年四川新闻网报道四川汶川 2.7 级地震预警

二、2013 年 2 月 19 日，中国首次成功预警破坏性地震

1. 地震预警情况简介

自 2011 年 4 月 25 日中国首条地震预警信息发出后，系统相继预警了多次 4.5 级以下地震。但这些地震都没有破坏性，引发了一系列需要回答的问题：成都高

新减灾研究所的地震预警技术体系是否能够有效监测到破坏性地震呢？成都高新减灾研究所创新的地震预警监测仪的方案对于破坏性地震是否适用呢？民众收到破坏性地震的预警能否安全应用呢？

2013 年 2 月 19 日，云南巧家发生 4.9 级地震。该地震共造成 10 人受伤和 67 户房屋倒塌，因此是破坏性地震。中央电视台等媒体报道了该次地震预警（见图 5.3）。

图 5.3　中央电视台中文国际频道报道云南巧家 4.9 级地震预警

2. 该地震的预警对地震预警事业的推动

（1）验证了 ICL 地震预警技术体系对监测预警 5 级破坏性地震的可行性。该地震的成功预警验证了 ICL 地震预警技术体系能够预警 5 级左右的破坏性地震，验证了 ICL 地震预警监测仪安装在承重墙上的方案。由于当时收到预警的民众的数量很少，估计只有 100 余人，但是已初步表明民众收到破坏性的预警时，是能够安全响应的。

（2）促进了地震预警管理机制法制的探讨。该地震预警后，一些专家在网上提出四点对成都高新减灾研究所预警成效的质疑：一是基于 MEMS 传感器的地震预警监测方案不够好，因为 MEMS 传感器的灵敏度不像传统的地震监测仪（测震仪、强震仪）那样高。二是地震预警监测仪固定在墙上而不是像传统的地震监测仪那样安装在专门的观测房，环境噪声太大，会降低地震监测精度，导致误报。三是成都高新减灾研究所是民营单位，技术能力可能不足；四是成都高新减灾研究所作为民营单位，无权向社会发布地震预警。

成都高新减灾研究所通过媒体直接回应了这四点质疑：一是地震预警是为了减灾，地震预警系统只需要预警 3.0 级以上的地震，不需要预警更小震级的地震，因此不需要高灵敏度的传感器。二是由于地震预警监测网是密集的监测网，可以通过良好技术系统架构、人工智能等排除环境干扰，控制误报率。截至 2013 年 2 月，成都高新减灾研究所建立的地震预警系统已持续运行 1 年半，无一误报（注：截至 2023 年 2 月，该预警系统连续公开服务社会 12 年，无一误报，对预警网内的破坏性地震，无一漏报）。三是虽然成都高新减灾研究所是民营单位，但是"创新放在企业"是国家政策，且"国家有难，匹夫有责"，汶川大地震导致了重大死伤，应该积极支持各方力量参与地震预警事业，而不只是由政府部门做地震预警技术研究研发。四是成都高新减灾研究所不发布地震预警信息，发布地震预警信息的是市县地震部门或市县政府，成都高新减灾研究所只是与市县地震部门共建了地震预警网：一方面，市县地震部门或市县政府采用了该地震预警网的信息，并通过电视实现"点对面"发布，例如汶川县、北川县、茂县电视地震预警；另一方面，业主（政府、地震部门、教育部门等）购买"点对点"地震预警服务，例如为学校、社区、工程、工厂等提供预警服务；还有一方面就是民众自行下载地震预警 APP 实现"点对点"地震预警服务。这些服务都是合法合规的。进一步地，地震预警作为新生事物，值得多方面多形式探讨。当然，网上一些专家的质疑，也促进了应急行业、地震行业专家对地震预警相关法规（例如《突发事件应对法》《防震减灾法》等）的思考与研究，一些研究性成果和论证意见得以发表，推动了本领域的发展。

三、2013 年 4 月 20 日，中国首次成功预警 7.0 级地震

1. 地震预警情况简介

自 2013 年 2 月 19 日中国首次预警破坏性地震后，业界仍然存在一系列需要回答的问题：成都高新减灾研究所的地震预警技术体系是否能够有效监测到 7 级强震呢？地震烈度仪的方案对于 7 级强震是否适用呢？民众收到 7 级强震的预警

能否安全应用呢？

2013 年 4 月 20 日，四川芦山发生 7.0 级地震。地震发生的第 5 s，地震预警系统发出首报，预警震级 4.3 级；震后 8 s，预警震级 5.3 级；震后 10 s，预警震级 6.4 级。预警系统给雅安主城区的预警时间为 5 s，给成都市主城区的预警时间为 28 s。地震预警信息通过手机 APP，汶川县、北川县、茂县的电视以及一些学校社区的"大喇叭"发出。成都高新西区所有学校的"大喇叭"发出警报，师生自发有序避险；一些民众的手机发出预警，汶川县、北川县、茂县电视地震预警发出，民众有序避险。四川省应急办、地震部门（包括雅安市防震减灾局、凉山州防震减灾局）有效应用地震预警和烈度速报图服务政府应急。《中国日报》等媒体报道了该次地震预警（见图 5.4）。

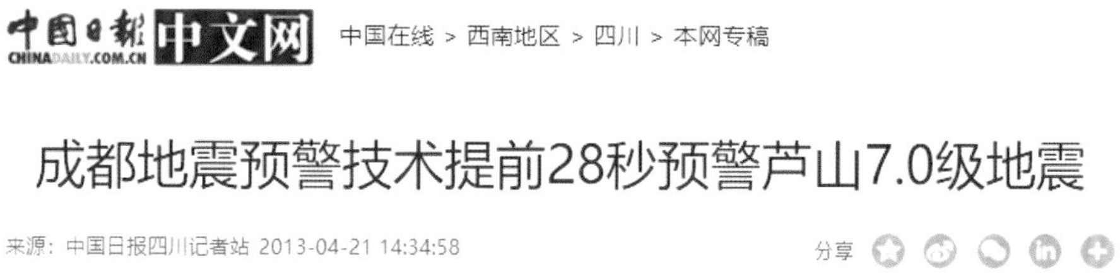

中国日报中文网 CHINADAILY.COM.CN 中国在线 > 西南地区 > 四川 > 本网专稿

成都地震预警技术提前28秒预警芦山7.0级地震

来源：中国日报四川记者站 2013-04-21 14:34:58　　　分享 ★ ◎ ◯ in ➕

图 5.4　中国日报报道四川芦山 7.0 级地震预警

2. 该地震的预警对地震预警事业的推动

（1）验证了 ICL 地震预警技术体系对预警 7.0 级破坏性地震的可行性。该地震的成功预警验证了 ICL 地震预警技术体系能够预警 7.0 级强震，而且验证了 ICL 地震预警监测仪安装在承重墙上的方案。10000 余民众及成都高新西区的 4 所中小学收到地震预警。这 4 所中小学的学生听到倒计时 28 s 的预警声音后，自动紧急避险，表明民众收到破坏性的预警时，是能够安全响应的。

（2）促进了对地震预警管理机制法制的探讨。该地震发生后，一些专家虽然仍然在网上质疑 ICL 地震预警技术体系、成都高新减灾研究所的技术能力、成都高新减灾研究所提供地震预警信息服务的合法性，但是这些声音较 2013 年 2 月中国首次成功预警破坏性地震后明显的小了，因为事实胜于雄辩。当然这些专业讨论再次促进了相关专家对地震预警相关法规（例如《突发事件应对法》《防震减灾法》等）的思考与研究，一些研究性成果和论证意见得以发表，推动了本领域治理体系的发展。

四、2014 年 8 月 3 日，云南鲁甸 6.5 级地震被成功预警

1. 地震预警情况简介

2014 年 8 月 3 日，云南鲁甸发生 6.5 级地震，该地震被云南省昭通市地震局和成都高新减灾研究所联合建设的地震预警系统成功预警，为昭通市区和昆明分别提供 10 s、57 s 预警。预警按照预估烈度大于 3.0 度的原则，触发了分布在云南昆明、云南昭通、云南丽江、四川宜宾、四川凉山、四川乐山等地的 26 所学校的警报，发挥了良好的预警功能。四川在线等媒体报道了该次地震预警（见图 5.5）。

SCOL.COM.CN 四川在线 四川　四川新闻 > 头条新闻 > 正文　关键字　关注我们

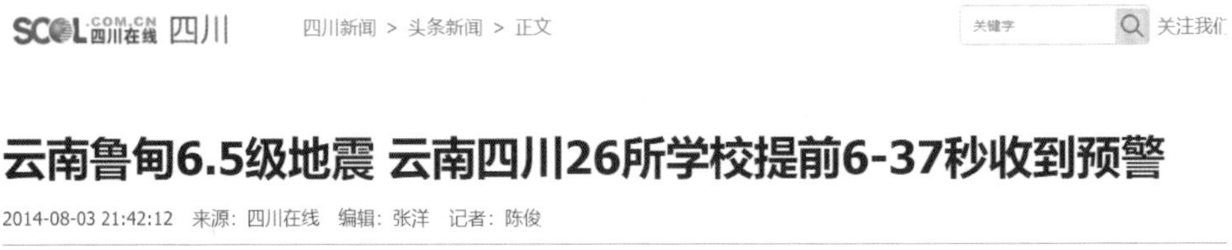

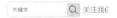

云南鲁甸6.5级地震 云南四川26所学校提前6-37秒收到预警

2014-08-03 21:42:12　来源：四川在线　编辑：张洋　记者：陈俊

图 5.5　四川在线报道云南鲁甸 6.5 级地震预警

2. 该地震的预警对地震预警事业的推动

云南鲁甸、景谷等地震发生在四川省以外，这些破坏性地震的成功预警，标志着 ICL 地震预警技术既能够适应不同的地质环境，又能够适应超过 5000 台监测仪的规模，远远超过日本地震预警系统的监测仪的规模（1000 台）。同时，这些地震的预警，还促进了地震预警科普从四川延伸到其他省。

五、2017 年 8 月 8 日，四川九寨沟 7.0 级地震被成功预警

1. 地震预警情况简介

2017 年 8 月 8 日，四川九寨沟发生 7.0 级地震，由阿坝州防震减灾局和成都高新减灾研究所联合建设的地震预警系统成功预警此次地震，给成都市提前 71 s 预警，给陇南市提前 19 s 预警。

预警系统向四川省广元市、成都市、绵阳市、阿坝市，甘肃省陇南市，陕西省汉中市等 6 个市的 11 所学校提前 5 ~ 38 s 发出预警。预警系统还通过包括四川科技等近 20 个政务微博发布了地震预警信息。

本次地震是大陆地震预警网再次预警 7.0 级地震，百万级民众收到预警，一些工程、工厂、地铁、高铁收到预警，国家减灾中心、国家预警信息发布中心以及一些省应急厅、大量市县地震部门收到预警，汶川县、北川县、茂县电视地震预警发出，北川县应急广播地震预警发出。地震预警的成功被媒体广泛关注，对中国民众进行了较好的地震预警科普。地震后，新增百万级手机用户，尤其是四川省广电网络公司主动联系成都高新减灾研究所，对接全面开通四川广电电视地震预警功能，实现千万级电视用户覆盖。《新闻周刊》等媒体报道了该次地震预警（见图 5.6）。

图 5.6 《新闻周刊》报道四川九寨沟 7.0 级地震预警

2. 该地震的预警对地震预警事业的推动

（1）ICL 地震预警技术再次预警 7.0 级强震，标志着 ICL 地震预警技术能够稳定预警 7 级强震。

（2）大陆地震预警网覆盖九寨沟是在 2013 年 2 月，而九寨沟地震发生在 2017 年 8 月，表明大陆地震预警网的长期（4 年）稳定性是有保障的。

（3）九寨沟地震使得四川省广电网络公司主动与成都高新减灾研究所对接，

在中国实现了地震预警信息与省级广电网络对接，进而实现了市县政府（地震部门）授权，社会力量主导建设的地震预警网提供地震预警信息模式。该模式是中国提出、全球首创的，德阳市、宜宾市 2018 年 5 月成为全国首批采用电视地震预警服务的市州，并带动了其他市州，包括凉山州、广元市等采纳了这种模式。

六、2019 年 6 月 17 日，四川长宁 6.0 级地震被成功预警

1. 地震预警情况简介

2019 年 6 月 17 日，四川长宁发生 6.0 级地震，大陆地震预警网成功预警，给宜宾市提前 10 s 预警，给成都市提前 60 s 预警，取得减灾实效。

本次地震是大陆地震预警网再次预警的 6 级地震，千万级民众收到预警，一些工程、工厂、地铁、高铁收到预警，国家减灾中心、国家预警信息发布中心、中国地震台网中心、省应急厅、大量市县应急部门收到预警，四川广电电视地震预警发出，北川应急广播地震预警发出。

成都的"大喇叭"提前 60 s 发出预警，引爆了民众的自发传播和媒体报道，中央电视台、新华社等近 300 家主流媒体报道了该预警事件（见图 5.7），超过 25 亿人次观看新闻，显著提升了我国地震预警的科普效果。大量民众通过网友留言等方式呼吁在所有电视、手机、"大喇叭"、学校、社区应用地震预警。

图 5.7　中央电视台报道四川长宁 6.0 级地震预警

在新闻的影响下，接入地震预警网的手机用户达到亿级，尤其是小米公司主动联系成都高新减灾研究所将地震预警功能内置手机操作系统，系全球首次，带动了其他大用户量手机 APP 内置地震预警功能；四川移动公司主动联系，对接全面开通四川移动电视地震预警功能，实现千万级电视用户覆盖；大量学校、社区、工厂主动对接成都高新减灾研究所，要求提供地震预警服务。成都高新区 80% 的社区应用地震预警，成都市、宜宾市超过 800 所学校和社区采购应用地震预警。

2. 该地震的预警对地震预警事业的推动

（1）超过 25 亿人次观看和阅读四川长宁 6.0 级地震的预警新闻，使得中国地震预警科普水平上了新台阶。

（2）使得中国地震预警成果全球知名，也使得国外网友，包括日本网友，仰望中国地震预警成果。

（3）带动了小米公司等领先企业主动与成都高新减灾研究所合作，并在全球率先实现了地震预警功能内置到手机、电视的操作系统中。

（4）带动中国所有国产品牌的手机、电视都内置了地震预警功能，并促进了苹果（中国）等国外科技公司对预警功能的开发。

（5）使得地震预警用户从数千万提升 10 倍达到 8 亿级，且随着手机、电视的更新换代，将实现中国全民的手机、电视内置预警功能。

（6）促进了中国地震预警成果再次出口，例如帮助印度尼西亚建设印度尼西亚地震预警网。

七、2019 年 12 月 18 日，四川资中 5.2 级地震被两张地震预警网预警

1. 地震预警情况简介

2019 年 12 月 18 日，四川省内江市资中县发生 5.2 级地震，资中县、内江市多地有震感。成都高新减灾研究所与市县地震部门联合建设的大陆地震预警网成功预警本次地震，给内江市提前 1 s 预警，给成都市提前 35 s 预警。一些位于震中附近的电视、手机、专用地震预警终端等发出预警。值得强调的是，内置地震预警功能的小米电视、小米手机、四川广电电视、地震预警 APP 用户表示也收到了预警；此外，本次地震发生 8 s 后，四川省地震局建设的地震烈度速报与预警系统发出报警信息（见图 5.8）。该地震同时被两张地震预警网预警，系中国首次。中

国日报网等媒体报道了该次地震预警（见图 5.9）。

资中5.2级地震后8秒，四川地震烈度速报与预警系统发出报警 播报文章

川观 川观新闻
2019-12-18 10:26　　川观新闻官方账号,优质社会领域创作者　　关注

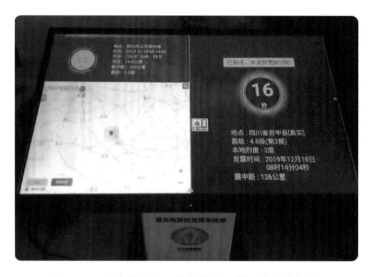

图 5.8　四川省地震局研发的地震预警系统发出报警

四川资中5.2级地震 大陆地震预警网给内江市提前1秒预警，给成都市提前35秒预警 播报文章

CHINA DAILY 中国日报网
2019-12-18 14:11　　中国日报网官方帐号　　关注

12月18日8时14分四川省内江市资中县发生5.2级地震，资中县、内江市多地有震感。成都高新减灾研究所与应急管理部门（原地震部门）联合建设的大陆地震预警网，成功预警本次地震，给内江市提前1秒预警，给成都市提前35秒预警。一些位于震中附近的电视、手机、专用地震预警终端等发出预警。初步统计表明，内江、宜宾等地应用地震预警的学校收到预警，值得强调的是，更新升级后内置了地震预警功能的小米电视、小米手机、四川广电电视、酷云互动互联网电视、减灾所地震预警APP用户表示也收到了预警。大陆地震预警网还为中国地震台网中心、国家预警信息发布中心、国家减灾中心、四川省应急管理厅等同步提供预警信息。

图 5.9　中国日报网报道四川资中 5.2 级地震预警

2. 该地震的预警对地震预警事业的推动

（1）四川省地震局的预警系统预警该地震，标志着四川省地震局的地震预警系统开始进入试运行阶段，由于四川省地震局承担了中国地震局"地震烈度速报与预警工程"的先行先试任务，标志着中国境内首次同时有两张地震预警网实现了对同一个地震的预警，也标志着中国地震局的地震预警系统建设取得了重要进展。

（2）此后，中国进入两张地震预警网时期。两张地震预警网或多张地震预警网如何相互协同，或各自服务社会，是地震预警领域需要研究解决的问题。

（3）2020年10月，中国地震局局长闵宜仁在会见王暾博士时创造性提出融合中国地震局的国家地震预警工程与成都高新减灾研究所的大陆地震预警网为"中国地震预警网"，开启了中国地震预警工作的全新思路。2020年11月，中国地震局与成都高新减灾研究所签署合作备忘录，共建中国地震预警网。2020年12月，中国地震局授牌成都高新减灾研究所为"中国地震局地震预警技术研究成都中心"。

八、2020 年 7 月 12 日，河北唐山 5.1 级地震被成功预警

1. 地震预警情况简介

2020年7月12日，河北唐山市古冶区发生5.1级地震，大陆地震预警网成功预警该地震，给唐山市提前3 s预警，给天津市提前33 s预警。震中附近地区开通了地震预警功能的手机、电视、互联网电视和手机APP用户等提前收到地震预警信息，一些北京、天津民众提前30 s收到预警。

2. 该地震的预警对地震预警事业的推动

该地震位于京津冀地区，地震发生后，京津冀的大量手机、电视发出了预警，广大民众收到了预警，人民日报官方微博在地震后1 h转发电视预警截图，阅读量超过1亿。国家广播电视总局等单位关注到了该预警事件，通过四川省广播电视局调取了电视预警所采用的技术方案，这表明由社会力量建立的地震预警网被国家高层认可。《人民日报》等媒体报道了该次地震预警（见图5.10）。

人民日报 V

2020-7-12 08:01 来自 微博 weibo.com

【#唐山5.1级地震前电视弹出预警#】中国地震台网正式测定：07月12日06时38分在河北唐山市古冶区（北纬39.78度，东经118.44度）发生5.1级地震，震源深度10千米。有网友表示，在地震发生前，电视里弹出了预警信息。 ✎ 唐山5.1级地震前，电视里弹出了预警信息

图 5.10 《人民日报》报道河北唐山 5.1 级地震预警

九、2022 年 6 月 10 日，四川马尔康 6.0 级地震震群被成功预警

1. 地震预警情况简介

2022 年 6 月 10 日，四川省阿坝州马尔康市发生 6.0 级地震震群，成都高新减灾研究所与中国地震局联合建设的中国地震预警网成功预警此次震群。大量民众通过手机、电视、"大喇叭"提前收到预警，马尔康市、红原市等地的居民收到预警后进行了紧急疏散避险。中国地震预警网在马尔康市 6.0 级地震发生后第 6 s 发出预警，给马尔康市提前 9 s 预警，给成都市提前 66 s 预警。锦观新闻等媒体报道了该次地震预警（见图 5.11）。

锦观新闻
天下锦观在锦观

四川马尔康发生多震震群 "成都造" 地震预警系统提前预警 大量民众紧急避险

2022-06-10 10:18 成都日报"锦观"新闻客户端 吴怡霏

图 5.11 锦观新闻报道四川马尔康 6.0 级地震震群预警

2. 该地震的预警对地震预警事业的推动

电视地震预警进一步推动了由社会力量建立的地震预警网被国家认可，促进了该预警网与中国地震局建立的地震预警网的融合。

十、2022年9月5日，四川泸定6.8级地震被成功预警

1. 地震预警情况简介

这是中国地震预警网预警的第75次破坏性地震。中国地震预警网通过手机、电视、"大喇叭"、专用接收终端发出预警信息后，超过4000万民众收到预警，是一次地震中收到预警信息人数最多的地震预警案例。同时，许多重大工程、工厂也同时收到预警，四川省及一些应用了地震预警的市县机关部门都收到了预警。中央电视台等媒体报道了该次地震预警（见图5.12）。

图 5.12　中央电视台财经频道报道四川泸定 6.8 级地震预警

2. 该地震的预警对地震预警事业的推动

（1）该地震发生在地震预警网覆盖甘孜州泸定县11年后，表明大陆地震预警网的长期（超过10年）工作能力得以检验。

（2）该地震预警通过手机、电视、"大喇叭"、专用接收终端发出，超过4000万民众收到预警，大量重大工程收到预警，政府、应急部门收到预警，是对地震

预警大规模服务社会的技术、政策、法规、应急避险的全面响应、检验和展现。同时，该预警带动了苹果（中国）拟内置地震预警功能到苹果手机。结合此前国产手机都已内置地震预警功能，可以预期的是，所有在中国销售的手机、电视都将内置地震预警功能。这将促进地震预警在中国率先成为基本公共服务，并为全球示范。

PART SIX

第六章

媒体对中国地震预警事业发展的推动

从今天的视角来看，地震预警已经是人们耳熟能详的一个常见事物。但是，在十多年前，尤其是在我国地震预警事业蹒跚起步的阶段，国内公众对这一概念还非常陌生，几乎将"地震预警"与"地震预报"这两个概念混为一谈，在社交媒体上一度出现了大量质疑的声音。置身于现实与网络环境中的成都高新减灾研究所意识到，必须在全力以赴加快地震预警技术研发的同时，积极开展地震预警的科学普及。同时，地震预警本质上是一个技术系统、观念系统与社会系统结合的科技创新产品，它的成功应用，必须以公众的观念接受和实践中的合理利用为条件。要实现地震预警的减灾目标，除了要不断加大技术研发与测试验证力度以外，还要全力推动地震预警技术系统与社会系统的连接，因此必须充分而高效地与各类媒体-媒介结合。从这一视角来看，可以把中国地震预警事业的发展史看作一部媒体推动地震预警事业发展的实践史。

一、媒体对地震预警事业的关注

进入互联网时代以来，人们通常将媒体区分为传统媒体和新兴媒体两种类型。传统媒体主要包括报纸、广播、电视、期刊、户外媒体等，新兴媒体则包括网络社交媒体、IPTV、电子杂志、户外新媒体等类型。随着信息技术的发展，传统媒体与新兴媒体都渐进式地发生着改变与适应，它们共同塑造了当代的媒介传播景观。近十多年来，我国多种类型的媒体和媒介普遍关注到地震预警的技术进展与应用成效，成为我国地震预警事业发展的重要推动者。

1. 传统媒体对地震预警事业的报道

2008 年汶川地震发生后，中国共产党领导全党全国人民开展的抗震救灾受到了国内外媒体的高度关注，尤其是国内传统媒体在重要版面、时段均不遗余力地开展宣传报道。在那个时期，国内绝大多数公众尚不知道存在着"地震预警"这样一种技术，人们表达着对"地震预报"的关注和期待。这一年的 5 月 21 日，《中国青年报》刊发了一篇题为《政府的地震预测播报之后》的报道。报道说，2008年 5 月 19 日晚 10 时，德阳的电视台和电台开始滚动播报，在 19—20 日汶川地震区附近余震发生的可能性较大，提醒广大群众做好防震避震准备。当地一位被采访者说："很好啊！这种事谁也说不准，政府的提醒太重要了！"另一位则说："地震这种事情，马虎不得，宁可信其有。"《中国青年报》在同一天刊发《地震预报后成都市民街头露宿》，以图文形式报道了成都市民在看到政府通过媒体权威发布的"地震预报"公告后，许多市民出于安全考虑而选择到室外过夜。这些曾发生在四川人民身边的往事，烙印着数以千万计的人民群众的集体记忆。事后来看，这次"预报"的地震并未发生，但它真实地反映了政府与群众对地震预报的需求与期待，以及人们在那个特殊的时刻、面对重大的自然灾害事件所持的基本态度。

2008 年 6 月，王暾从奥地利回国后，在成都高新区管委会的支持下，在成都高新孵化园的一个 20 多平方米的办公室里，迅速启动了地震预警技术研发的筹备工作。王暾当时已经意识到地震预警科普的重要性，他在网上看到了《中国青年报》关于"地震预报"的相关报道，对该报关心青年、关注地震领域技术创新的印象深刻，于是从网上检索到《中国青年报》四川记者站的值班电话。《中国青年报》四川记者站记者白皓接到了王暾的电话，被王暾描述的地震预警技术及应用前景以及他的创业情怀深深地打动了。随后，白皓与成都高新区宣传部门的同志一起来到了王暾的创业场地。汶川地震之后，成都高新区作为四川省、成都市最重要的科技创新园区，一方面全力以赴地促进生产恢复，努力为灾区生产药品等各类应急物资，并着力减少地震带来的次生灾害，另一方面，科技部门和产业部门决定加大应急行业的科技创新与产业发展。王暾正是在这种背景下迅速获得了成都高新区的创业人才资金和场地支持，开始了艰苦的创业之旅。而当地宣传部门的拜访，意味着王暾从事的地震预警科技创新从起步阶段就得到了当地宣传部门和相关政府在多个方面的支持。2009 年 2 月 2 日，《中国青年报》刊发了题为《欧洲博士后回川迅猛转型：门外汉研发地震报警器》的新闻报道，这是中央新闻媒体第一次报道王暾的地震预警创新创业。同年 3 月 31 日，中国新闻社刊发《"中国首个民用地震报警器"通过四川省科技厅科技成果鉴定》的新闻。汶川地震一周年之际，《人民日报（海外版）》刊发题为《研发首个民用地震报警器——王暾：用知识回报祖国》的新闻报道。这一年，中央电视台也两次报道王暾所从事的地震预警技术创新工作。

不同媒体的定位不同，其关注视角也有较大差异。中央媒体的这些报道表现了其对汶川地震之后我国在地震防灾减灾方面的科技创新和对海归创业的关注。在 2011 年 9 月成都高新减灾研究所研发的地震预警系统投入试运行之前的几年期间，从总体来看，新闻媒体对这一领域的报道并不多。但是，对于当时尚处于"襁褓之中"的地震预警事业来说，这些媒体的关注与肯定是极其重要的。同时也应当看到，对于更多新闻媒体来说，当时对成都高新减灾研究所开展的地震预警科技创新还存在一定的顾虑。一方面，尽管从 2009 年，成都高新减灾研究所研发的地震报警器专利申请就获得国家知识产权局批准，但其尚未投入实际应用，其技术的可靠性以及减灾的实效性尚未得到权威的验证；另一方面，国内公众在当时对地震预警所知甚少，即使有少数公众已经通过媒体了解到这一技术，但多持怀疑态度。

针对这些情况，2011 年 7 月，王暾通过举办"在特定场景下的地震预警应对策略研讨会"，充分听取相关专家意见建议，并经过多方走访，决定将地震预警科普作为当时的一大工作重点。2011 年 9 月，成都高新减灾研究所在中国地震学会地震社会学专业委员会、四川省地震学会、成都市防震减灾协会，以及成都高新区管委会相关部门的支持下，开始启动系列地震预警公众体验活动。活动内容主要包括成都高新减灾研究所网站与微博信息发布、志愿者现场体验和 APP 应用体验、专家解读、学校防震应急演练、记者集中采访等，希望通过活动的举办强化地震预警科普效果，同时针对学校、家庭、楼宇等场景提出较为成熟的公众避险应对策略建议，为政府制定和完善相关应急预案提供参考。2011 年 11 月，成都高新减灾研究所首次利用地震预警技术，在四川、甘肃和陕西三省的多所学校同步开展地震预警演习。这一系列科普及体验活动受到众多体验者的支持，这些体验者中有一些是汶川地震灾区防震减灾局的工作人员和行业人士，也有一些是新闻媒体的记者。对于他们来说，地震预警系统如果被成功验证，对于减少汶川地震余震的灾害无疑具有很大帮助的。

成都高新减灾研究所举办的志愿者体验活动受到中国新闻社、《南方周末》等媒体的关注。2012 年 2 月 15 日，中新网刊发《近万人体验中国研发地震预警系统未现误报情况》。2012 年 3 月 1 日，《南方周末》刊发题为《500 体验者拷问民间地震预警》的大幅报道，报道在开篇写道："地震预警不是预报，它是与地震横波赛跑的系统，为地上的人争取数秒的逃生时间。一个海归博士后，一个民间研究所，五百多个体验者以身试震，65 次预警弹无虚发，是否可以创造中国地震预警的奇迹？"这一问题在一定程度上体现了当时众多志愿者普遍的心态，也表达了众多读者的心声。该报道还如实记录了这一"民间地震预警系统"在学校的应用——四川省江油市双河中学是全国第一个安装该预警系统的学校，这是地震预警系统在国内学校首次投入实际应用的标志性事件。

从国家层面看，尽管从 20 世纪 80 年代以来一些学术期刊就陆续刊发数十篇地震预警技术原理及在国外应用的相关论文，但直到汶川地震发生之后才真正重视这一领域的研究。资料显示，当时由福建省地震局和中国地震局地球物理研究所牵头，分别在福建、北京、兰州等地开展地震预警和烈度速报研究，但其技术研发及应用进度还相对滞后。同时，成都高新减灾研究所当时研发的地震预警系统震级偏差较大，其软硬件都处于不断的优化过程中，地震预警效果也受到一些公众的质疑。由于地震预警的科普尚处于起步阶段且预警缺乏必要的社会响应机制，有的学校及体验者担心其应用造成安全事故，有的地方政府担心因地震预警信息的误报、漏报引发社会公众的不满。

媒体多视角的关注、专家的多种建议、体验者的众多反馈、地方政府的不同意见，这些信息一方面使成都高新减灾研究所坚定了加快地震预警系统研发、提高其技术可靠性的决心，一方面又推动其更加重视地震预警科普的重要性。2012 年 9 月 2 日，由成都高新减灾研究所自主研发的地震预警系统成功通过四川省科技厅组织的科技成果鉴定，专家们认为该系统达到了同类产品的国内先进水平，且部分技术达到了国内领先和世界先进水平，引起部分新闻媒体关注。这一年，成都高新减灾研究所发布地震预警 APP，电视台首次触发地震预警，地震预警系统用于城市、社区、高铁等进展均被部分媒体关注报道，成都启动城市地震预警系统项目建设的新闻于 2012 年 7 月 12 日登上央视新闻联播。

媒体对地震预警的大规模集中报道始于 2013 年 4 月的四川芦山地震。2013 年 4 月 20 日，成都高新减灾研究所建设的地震预警系统成功预警四川芦山 7.0 级地震。新华社、《科技日报》等数十家媒体报道四川芦山 7.0 级地震发生后，民间机构成都高新减灾研究所建设的地震预警技术测试系统提前发布预警信息，分别为雅安主城区、成都主城区提供了 5 s、28 s 的预警时间。4 月 20 日当天，中央电视台新闻频道播发《四川成都：地震预警系统帮助师生有效避险》的新闻报道，成都市泡桐树小学师生快速有序疏散的镜头使众多的电视观众切实感受到了地震预警科技在地震减灾中的重要作用。

四川芦山地震预警也使媒体和公众更加关注预警的实际减灾效果。芦山地震发生当天，中央电视台经济频道就以《"4.20"芦山地震·地震预警是否有效？成都提前28秒收到地震预警》为题进行了讨论。同年4月25日，《人民日报》以《面对灾难　需要"常识重建"》为题，针对这一事件评论道："及时、合理地用好这几十秒，既需要负责任、有水平的社会管理，也需要有常识、有效率的民众行为。如今，科技发展让第一时间发布预警成为可能，如何在公众中普及应急、自救和救援常识，或许还需进一步努力。""绷紧忧患意识之弦，筑牢科学常识之基，才是对生命最好的尊重。"同一天，《南方周末》刊发了《成都减灾所雅安预警之辩　逃生5秒存在吗》一文，一方面继续面向公众普及地震"预警"与"预报"的差别，另一方面又提出了地震预警盲区的问题，"在专业人士看来，预警技术还不够成熟，且震中附近是预警'盲区'，当下理论计算值缺乏实质意义"，引起大量网友的关注和讨论。4月26日，中央电视台综合频道"晚间新闻"栏目在报道中专门谈到地震预警的原理，并区分了地震预警与地震预报两个概念，"地震可以预警。一次成功的地震预警，未必可以使我们完全免于危难，但的确可以最大限度地降低伤亡……地震预警的原理并不复杂，但配合地震预警的整套措施却非常复杂。如果没有常备的防范意识，没有成熟的响应机制，没有经常的逃生训练，地震预警的价值便会大大降低。"同年4月27日，《人民日报（海外版）》刊发评论报道《强震后如何亡羊补牢》，认为成都高新减灾研究所开发建设的地震警报系统在一定程度上发挥了警报功能，同时呼吁加快建立全覆盖预警网络，"亡羊补牢，为时未晚。地震警报系统正紧急运至并部署到地震灾区，用于应急抢险时提高救援队伍的余震反应速度，加强灾区学校、安置点的余震报警。但是，对饱受震灾之苦的中国来说，建立一个全覆盖的地震警报系统是当务之急。"这些报道具有相当高的权威性与公信力，被新华网、光明网、中国网、中国科技网、北方网、四川新闻网、大公网、新民网、每经网、扬子晚报网等众多网络媒体转载，对推动中国地震预警科普发挥了重要推动作用，也为中国地震预警事业的健康发展营造了有利的舆论环境。

此后，在国家地震局及多地党委宣传部门的支持下，大量的国字号媒体以及地方新闻媒体加大了对中国地震预警科技创新事业的报道。与对四川芦山7.0级地震预警的报道相似，国内媒体对于地震预警的大规模集中报道几乎都受到了实际应用效果的推动，我们可以将这一媒体传播模式归纳为"事件性传播"。通过关于云南鲁甸地震、四川九寨沟地震、四川长宁地震、四川泸定地震等数十次成功预警的大量报道，公众对该系统的技术原理及效果的认知越来越深入，相应地，质疑与担忧方面的声音显著减少。事实证明，媒体在这一事业的发展中发挥了不可或缺的重要推动作用。地震预警作为面向大众的科普内容，同时受到了事件性传播与非事件性传播的推动，尤其是前者，依托其突出的时效性，高频次地影响着公众认知，在我国地震预警科普中发挥了主要作用。

地震预警的事件性传播效果可以通过百度指数直观地显示出来。2023 年 1 月 26 日 3 时 49 分，四川泸定县发生 5.6 级地震后，"地震预警"百度指数从日常的不足 500 上升到 4036（见图 6.1）。百度指数还显示，自 2017 年收录"地震预警"指数词条以来，迄今为止该指数最高的时候是 2019 年 6 月 17 对四川长宁地震的预警，该年 6 月 17 日—23 日，指数热度最高超过 816 万（见图 6.2）。

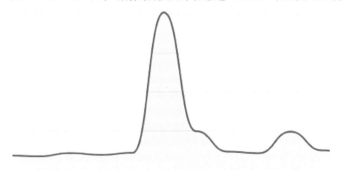

图 6.1　2023 年 1 月 26 日四川泸定地震预警百度指数

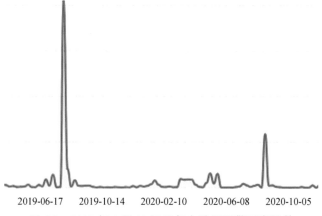

图 6.2　2019 年 6 月 17 四川长宁地震预警百度指数

2. 新媒体对地震预警事业的关注

我国地震预警事业发展置身于新媒体日新月异涌现的时期。与传统媒体相比，新媒体具有即时性、开放性、个性性、分众性、信息的海量性、传播的低成本性、检索的便捷性、内容的高度融合性等特点。我国新媒体形态的发展主要包括几个阶段：20 世纪 90 年代至 21 世纪初期，这十多年中，搜狐、新浪、网易、腾讯等门户网站兴起，政府、企业也纷纷建立互联网信息平台。2005 年之后，中国互联网进入 Web2.0 时代，博客、播客、威客、网络社区、电子杂志、游戏等网络新平台蓬勃发展，搜索引擎服务异军突起。也是在这一阶段，无线技术的发展使互联网与无线网实现融合，Web3.0 时代迅速到来，移动终端、数字电视、户外新媒体等极大地拓展了新媒体应用场景，针对移动平台的 APP 开发大量兴起。2009 年，新浪微博推出内测版。2011 年，腾讯推出微信这一通信软件。新媒体平台在地震预警事业发展中发挥了积极的信息传播、科学普及、舆论汇集、社会整合作用。

在移动互联网兴起的大潮中，成都高新减灾研究所早在 2011 年就开发出了第一代地震预警 APP，以便更多下载用户能够通过手机接收地震预警信息。在近十年中，这一应用在每一次破坏性地震预警中一方面赢得了更多用户的支持，一方面又往往因服务器过载、信息延迟、用户体验差受到指责。也正是基于用户的支持与压力，成都高新减灾研究所多次开展地震预警 APP 软件升级工作，以改善用户体验，使其更好地服务地震预警的实际需求。随着手机地震预警系统可靠性的提升，小米、华为、OPPO、vivo 等多款国产手机都已接入地震预警功能，手机用户无须安装地震预警 APP 就可以获得地震预警服务。此举使国内许多公众无须专门下载地震预警 APP 也能收到预警信息，同时手机通过操作系统接入使地震预警信息可按最高优先级进行信息传递，最大限度地降低了通信延迟，使我国数亿公众能够无障碍接收地震预警信息。

不同新媒体在平台特性、传播范围、推广形式等方面有一定差异，尤其是不同平台在不同时期的影响力存在较为明显的差异。地震预警的新媒体传播效果，不可避免地要与新媒体平台的变迁保持动态适配，以最大限度地提升预警效果与科普成效。这一点也深刻地体现在地震预警与微博功能的结合上。

早在 2012 年，成都高新减灾研究所就开通了新浪微博，并以科普为重点开展地震预警传播。成都高新减灾研究所并不满足于通过微博开展科普信息传播，而是根据地震预警的秒级响应特点，与新浪微博的技术团队进行协同开发，以便使微博能够自动触发地震预警信息。2013 年 1 月 5 日 13 时 06 分四川绵竹发生 3.8 级地震后，成都高新减灾研究所的地震预警台网成功捕获到地震信息，并通过新浪微博在地震发生后 9 s 成功发布了地震预警第 1 报信息，比 S 波到达成都提前了 15 s。这条微博信息很不一般，因为这是中国首次实现微博地震预警。由于微博地震预警具有机器写作、自动触发、跨操作平台、覆盖广泛的特点，加之当年微博作为以移动终端为主要载体的热点社交媒体，有效拓展了地震预警信息发布的终端形态，对于提升地震预警的减灾效果具有积极作用。此举受到新华网、中新网、《四川日报》、四川人民广播电台、成都人民广播电台、《华西都市报》、《成都晚报》、《香港大公报》、中关村在线、赛迪网、凤凰网、光明网、中经网、环球网、人民网等数十家媒体的关注报道。这就意味着，公众在当时不仅可以通过手机 APP、广播电视、专用接收终端接收地震预警信息，也能够通过微博在震后第一时间收到信息。

在微博地震预警方面，另一个标志性事件是政务微博的接入。2015 年 1 月 12 日 15 时 02 分，成都高新区官方微博"成都高新"发布一则消息："亲，通过与@成都高新减灾研究所协作，@成都高新将利用高新造 ICL 地震预警技术系统，自动发布 4.0 级以上地震预警信息。该系统已成功预警芦山地震、鲁甸地震等 23 次破坏性地震。"这条信息的发布，使"成都高新"成为中国首个开通地震预警信息发布功能的官方政务微博（见图 6.3）。该政务微博采用的地震预警信息来自成都高新减灾研究所提供技术支持的地震预警网。在当时，我国地震预警网已覆盖 6.5 亿人口，但由于宣传面不足，能够真正应用地震预警信息的人口不到 0.3%。从总体上看，地震预警信息接收仍是"软肋"。成都高新区希望通过政务微博向公众发布地震预警信息，进一步提升地震预警信息的到达率。政务微博开通地震预警功能，因其权威性高、用户量大而受到众多网友的支持。"成都高新"政务微博在当时就有 50 多万粉丝，开通微博预警功能使更多网络用户能够接收到地震预警信息，更好地维护群众的生命财产安全。2015 年 1 月 14 日，在四川省乐山市金口河区发生 5.0 级地震后，"成都高新"政务微博发出了第一条地震预警信息，这是我国政务微博首次成功用于实际地震预警，因此受到全国 130 余家媒体的关注和报道。

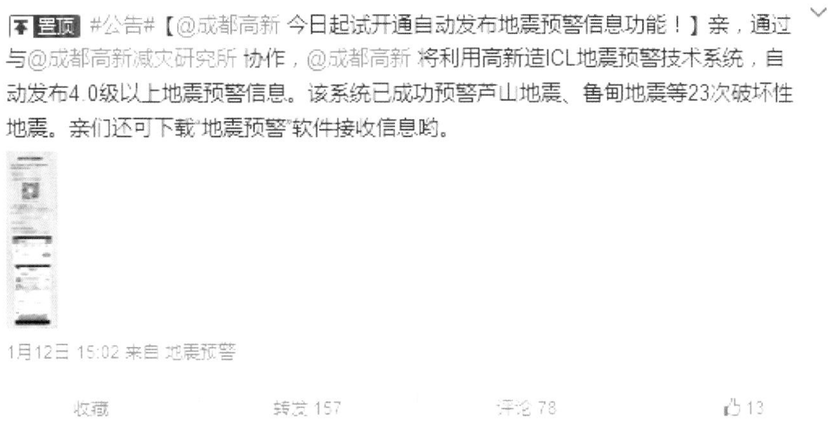

置顶 #公告#【@成都高新 今日起试开通自动发布地震预警信息功能！】亲，通过与@成都高新减灾研究所 协作，@成都高新 将利用高新造ICL地震预警技术系统，自动发布4.0级以上地震预警信息。该系统已成功预警芦山地震、鲁甸地震等23次破坏性地震。亲们还可下载"地震预警"软件接收信息哟。

1月12日 15:02 来自 地震预警

收藏　　　　　　转发 157　　　　　　评论 78　　　　　　👍 13

图 6.3　"成都高新"成为中国首个开通地震预警信息发布功能的官方政务微博

政务微博开通地震预警功能，在当时是一件颇具创新同时又极具风险的事情。这一消息甚至引起了新华社的关注，2015 年 1 月 15 日，《新华每日电讯》以"成都—政务微博提前 43 秒预警乐山地震"为题对此做出报道。曾经历此事的成都高新区宣传工作负责人回忆，从政务微博管理规范来看，原则上政务信息的发布都需要经过三审三校的程序，而地震预警信息自动触发的特点使其完全无法落实这一信息审核流程。不仅如此，尽管成都高新减灾研究所发布的破坏性地震信息在准确性上已经得到了充分验证，但是任何技术系统都不可能做到零失误，如果出现技术系统误触发，或者地震预警信息的在震级方面存在较大偏差，都可能受到公众的指责，从而损害政务信息的公信力。但是，基于对汶川地震巨大灾难的铭记，基于地震预警系统在国内外的实际减灾效果，基于对成都高新减灾研究所地震预警系统稳定性的研判，同时考虑到"成都高新"政务微博的主要用户是四川用户，在用户群体上具有极高的契合度，并相信社会公众对于这一新生事物具有一定的包容性，因此，经过慎重考虑，成都高新区决定支持"成都高新"政务微博接入地震预警功能。

经过一个月的试运行，这一功能逐步得到了四川省、成都市多个部门的认可和支持。此后，四川省大量政务微博以及部分新闻媒体官方微博账号陆续开通此功能。2015 年 4 月 15 日 15 时 39 分，内蒙古自治区阿拉善盟阿拉善左旗发生 5.8 级地震，包括四川省公安厅、四川省科技厅等在内的 19 个政务微博进行了同步发布，全国近 500 万粉丝接收了到微博地震预警信息。此后，陆续有超过百个政务微博和媒体认证微博接入了地震预警功能。当时，成都高新区宣传部门曾专门搜集了网络平台的公众意见：82%的网友认为微博预警及时有效；9%的网友认为微博预警有其局限性，认为多平台发布效果更佳；6%的网友询问微博定制的方法。网友也指出了微博预警存在的问题，比如不定制就无法预警、有许多人不使用微博、老年群体不会使用、工作忙碌没时间看、存在网络延迟现象等。

如果说在 3G 时代，地震预警与新媒体的结合主要体现在图文类新媒体平台上，那么进入 4G 时代，地震预警与视频类新媒体的结合便成为一种新的趋势和潮流。自 2013 年 12 月 4 日我国发放第一批 4G 牌照后，新浪的"秒拍"、腾讯的"微视"等短视频产品迅速出现，其可视化、交互式传播进一步提升了用户体验。在 4G、5G 时代，视频语言依靠其信道容量宽、能够便捷地表现非逻辑内容的特点，使其传播内容能够与更多的用户实现信息连接与情感共振。到目前，抖音、快手等众多移动视频产品成为地震预警信息传播的重要平台。尽管这些平台并未像地震预警 APP、手机操作系统内置软件、微博一样实现预警信息的自动触发，但是视频传播的在场性大大增强了用户的真实感。人们对地震预警过程及效果身临其境的感知，极大地增强了社会公众对地震预警系统的信任，2019 年 6 月 17 日对四川长宁 6.0 级地震的成功预警，在很大程度上就依靠了视频类新媒体的强势推动。

二、媒体对地震预警科学普及的推动

基于地震预警信息自动触发的秒级响应特点，公众对地震预警信息的应用能力直接关系到地震预警的成败。因此，地震预警的日常科普与预防演练就显得格外重要。一些研究者把地震预警服务体系看作与地震预警技术系统并列的重要方面，强调地震预警服务是地震预警技术发挥作用的关键环节，其中地震预警的宣传与科普是地震预警服务体系中的重要内容。研究提出，地震预警系统减灾效果既取决于其技术的可靠性，更取决于地震预警服务的可达性，主要包括地震预警信息形成的可靠性、预警信息传递的有效性以及灾前科普教育和预防演练。近十多年来，在国家地震局及科技部门、宣传部门的推动下，地震预警宣传和科普坚持以服务国家治理能力现代化、提升地震预警科技的实际减灾成效为总体导向，相关宣传报道和落地活动得到全方位、多维度的持续开展，包括新闻媒体在内的越来越多的主体主动参与到地震预警的宣传与科普事业中来，对推动我国地震预警事业健康发展发挥了重要促进作用。

1. 持续宣传中国地震预警科技进步

新闻媒体对我国地震预警科技进步方面的宣传总体上肇始于 2008 年汶川地震之后。在此之前，我国关于地震预警技术的信息多局限在一些专业期刊上。20 世纪 80 年代初至 90 年代末的 20 年间，我国专业期刊主要侧重于介绍国外地震预警科技进展。早在 1981 年，我国就有期刊刊发了《为研制准确的地震预警系统，美国等国科学家将对地表运动进行测量》的简短介绍。其他相关研究包括：《地震研究》刊发的《大地震纵波的预警特征》（1982），《华南地震》的《城市地震警报系统》（1983），《科学与生活》的《生与死的几秒钟——充分利用大地震的预警时间》（1983），《地震科技情报》的《用于核电站停车的地震预警系统的可行性研究》（1988）、《地面振动的短临预警》（1991）、《美建议在建筑物上安装地震预警标志》（1992）、《航天飞机试验用于地震预警的雷达系统》（1995），《国际地震动态》的《一种日本的高性能早期地震预警系统》（1989）、《提前 30 秒报警》（1993），等等。2000 年后，国内学术期刊开始出现更多具有一定原创性的论文，例如，《地震工程学报》的《地震预警（报）系统及减灾效益研究》（2000），《世界地震工程》的《重大工程地震预警初步研究》（2002）、《地震预警系统与智能应急控制系统研究》（2004），《中国安全科学学报》的《京沪高速铁路地震预警系统的方案及关键参数研究》（2002），《世界地震译丛》的《采用双台子台阵方法的实时地震预警》（2005），等等。需要说明的是，中国地震局在这一时期已经对国外的地震预警技术及理论进行了较为充分的研究，并于 2001 年起就推动开展了中国地震预警系统的前期研发工作。

汶川地震后，王暾博士在成都开始地震预警系统技术研发，陆续引起了新闻媒体的关注。不过，在一个较长的阶段，媒体对这一技术的报道是非常谨慎的。例如，在 2009 年 2 月《中国青年报》第一次关于王暾创业的报道中，虽然提及"王暾的地震报警器专利申请获得国家知识产权局批准"，以及这一技术"能让人们获得更多的逃生机会，减少人员伤亡"的功能和"地震波分为纵波和横波"等基本的科学原理，但对于那个时期的读者来说，地震预警还是一个让人将信将疑的陌生话题，这篇报道主要引人关注的地方在于王暾的科技减灾情怀和不平凡的创业起点。该报道的配稿《地震报警器功能需要多样化》表达了对这一技术市场前景的担忧。客观地讲，《中国青年报》的这一报道是非常有勇气、有前瞻性的，它成为我国新闻媒体关注中国地震预警科技进步的一个鲜明印记。当时尽管还有一些新闻媒体获悉了成都高新减灾研究所开展地震预警技术研发的消息，但为了稳妥起见，还是选择不做报道。

回顾媒体对中国地震预警科技的宣传，可以把 2009 年看作一个崭新的起点。《人民日报》、中央电视台新闻联播、中国新闻社在这一年均刊播了中国地震预警科技研发的相关报道，这既是对蹒跚起步的地震预警事业发展的推动，也打消了更多新闻媒体的顾虑。此后几年间，媒体报道的主题多与地震预警技术研发有关，而几乎每一次采访活动，记者都会问到技术原理的问题；几乎每一轮新闻报道后，在相关新闻评论中，都会有网民关注技术方面的问题，其中伴随着不少质疑的声音。王暾创业所在地的成都高新区的宣传部门建议，为了更好地回应公众关切，建议把地震预警科普作为新闻宣传的一个重要内容。一直到现在，成都高新减灾研究所在向媒体提供的新闻素材中，都保留了这样一个"传统"——在稿件的末尾一段写上这类表述："地震预警是基于电波比地震波快的原理，利用地震传感器及相关技术系统建立的地震预警网，在破坏性地震发生时，全自动地提前几秒到几十秒在目标区域对还未受波及的用户发出预警的行为，能够减少人员伤亡和次生灾害。"而在此前相当长的一个时期，还会写上类似这样的话："地震预警不是地震预报，地震预报是对未来的地震提前发出警报，是还未解决的科技难题，而地震预警技术则已经成熟。"

在十多年来的地震预警科普实践中，成都高新减灾研究所举行了 100 多次集中采访活动，这些新闻活动的主题中有不少都成为中国地震预警事业中的标志性事件。较有代表性的有：2011 年 4 月 25 日，中国首次成功预警地震；2011 年 11 月 1 日，中国首批中小学启用地震预警；2012 年 5 月，中国首个电视地震预警启用；2012 年 9 月 2 日，中国首个地震预警技术系统通过省部级科技成果鉴定；2013 年 1 月 5 日，中国首次实现微博地震预警；2013 年 2 月 19 日，中国首次成功预警破坏性地震；2013 年 4 月 20 日，中国首次预警 7 级以上强震；2015 年 1 月 12 日，"成都高新"官方微博接入地震预警系统，这是中国首个具有地震预警功能的官方政务微博；2016 年 4 月 25 日，成都高新减灾研究所与尼泊尔科技院联合建设的尼泊尔地震预警系统网宣布启用；2017 年 8 月 8 日，成功预警四川九寨沟 7.0 级地震；2018 年 5 月 3 日，中国首批市州电视地震预警宣布启用；2019 年 6 月 17 日，成功预警四川长宁 6.0 级地震，在国内舆论界引起巨大轰动，也受到日本、美国媒体关注；2019 年 8 月，宣布与印度尼西亚共建地震预警网；2019 年 11 月 19 日，小米手机操作系统内置地震预警功能正式启用，成为全球首个接入该功能的手机操作系统；2020 年 11 月，中国地震预警成果经科技成果评价为"全球领先"；2021 年 6 月，中国首个手机地震预警监测预警网上线启用。这些活动和事件都受到了新闻媒体的关注，这些报道生动地记录了中国地震预警科技发展的足迹。

2. 促进了地震预警科普参与主体的增加

在地震预警事业发展中，地震预警的科普对于强化公众对地震预警的认知、增强地震避险能力、提升地震预警的实际减灾效果具有重要作用。在地震预警科普方面，地震部门无疑发挥了重要的牵头作用，同时，也需要其他各类主体发挥积极推动作用。比如，2016 年出台的《云南省地震预警管理规定》第十七条规定："机关、企业事业单位、社会团体等应当组织开展地震预警知识的宣传普及活动和地震应急演练，提高公众应用地震预警信息进行避险的能力。县级以上人民政府地震工作主管部门，应当对有关单位做好地震预警知识的宣传教育和地震应急演练进行指导、协助、督促。新闻媒体应当开展地震预警知识的公益宣传。"

从地震预警科普的主体上看，除了政府地震部门、科技部门以及党委宣传部门的积极推动之外，我国的各级各类新闻媒体、网络平台和新媒体，一些地区的社区、学校、科研机构，以及以成都高新减灾研究所、终端厂商、通信平台、地震预警信息的应用单位等为代表的企事业单位都参与到了地震预警的科普中来。四川、云南、陕西、甘肃等地均在不同程度上开展了地震预警的培训和演练工作，这些活动也有效促进了地震预警的科普工作。福建省地震局、中央电视台、成都高新区融媒体中心、成都高新减灾研究所等都制作和发布了地震预警科普的视频，以提高公众对地震预警技术原理的认知水平和避险能力。

随着我国地震预警科普宣传的持续推进，尤其是对实际地震预警案例新闻报道的不断累积，社会公众对地震预警科技的整体认知水平不断提升。与当前的情况相比，十多年前，大多数受众看到媒体播报的地震预警类新闻时，尚不清楚"地震预警"与"地震预报"的区别，许多网友在网络平台的评论中提出"地震不能预报，怎么能够预警呢"之类的问题，也有不少公众基于"预警盲区"的问题对地震预警的作用提出质疑。随着宣传的深入，越来越多的网友也加入到地震预警的科普中来，开始自发地对其他网友科普地震预警的科学原理。在我国地震预警科普中，2019 年四川长宁 6.0 级地震是一个具有标志性意义的时间节点。以此为分水岭，更多的社会公众已经从不同渠道知晓了地震预警的科学原理，对地震预警科学性的质疑也大大减少。

相关研究表明，不同区域的地震预警科普成效不仅与科普活动的开展有关，也与所在地发生实际地震的频率、群体特征有着直接关系。中国地震局发展研究中心 2020 年开展的一项调查结果显示，在防震减灾公共服务的接触率方面，我国西部地区显著高于中东部地区，地震多发区显著高于地震少发区，城镇显著高于农村地区。此外，也有显著的群体差异，中青年、机关事业单位人员、学生、高学历者为主要的接触群体，低学历群体、农民群体和老年群体是触达的难点，因此对相关科普的通俗易懂性和社区化、落地化提出了更高要求。

尽管我国地震预警科普已经取得重要进展，但有一些方面还需要持续深化。我国地震预警科普宣传在某种程度上仍然存在体系不健全、内容不完善、制度化规范化不足、地区差异较大等问题，至今还有不少公众对地震预警的技术原理、地震预警的有效性、预警信息的合理应用及风险因素缺乏认知。同时，地震预警科普宣传的社会效应最终要通过实际的减灾效应来评价，因此提升公众的应急能力是开展科普活动的重要目标之一。河北省地震局 2017 年制定的《地震预警科普宣传工作要点》强调，在科普中"要把握好工作的要点，向行业用户和一般民众宣传有关的地震知识和应急方法、技巧，让地震预警真正变成造福全社会的技术，并且在预防地震方面做出建设性贡献。"今后的科普宣传仍然离不开新闻媒体、网络平台的大力推动，同时也需要基层、行业、公民的积极参与，通过科普"五进"（进机关、农村、企业、社区、校园）和实际演练等落地活动进一步拓展和深入。同时，由于不同区域、不同群体对地震预警科普的内容需求存在明显差异，需要增强科普宣传的针对性。比如，在高触达率区域及群体中，科普的重点应当从宣传地震预警的科学原理、功能方面，转变到普及如何有效利用地震预警提供的几秒到几十秒的时间来避险和逃生。总之，地震预警科普仍然在路上，需要坚持不懈地持续推进。

3. 增强了公众对地震预警系统可靠性的信心

地震预警的技术原理决定了其可靠性总是存在一定的限度。地震预警系统的可靠性，主要取决于地震预警技术的可靠程度，它与地震预警的台站技术水平、控制中心信息处理和生成的准确性、信息传输与接收的畅通性直接相关，也与地震预警的全自动、秒级响应特征有关。从理论上讲，任何地震预警系统都存在误报和漏报的可能性。例如，日本建立的地震预警网就出现过多次误报，包括 2013 年 8 月 8 日误报 7.8 级地震、2016 年 8 月 1 日误报 9.1 级地震等。地震预警信息的误报可能降低公众和用户对其可靠性的评价，并存在一定的社会风险，公众可能因采取不当避险措施而导致人身伤害，高铁、化工等行业用户也可能因自动控制装置自动切换而导致某些间接损失。对破坏性地震预警的信息漏报同样会对公众和用户带来某种程度的负面体验，既影响实际的减灾效果，又可能降低公众对系统可靠性的信任度。

地震预警科普与其他灾害预警领域一样，需要通过长期的宣传使公众充分了解受科学原理、技术水平等因素影响，地震预警不可能完全避免误报、漏报的情况，同时在震中位置、震级方面也可能存在一定误差。地震预警的业内人士常说，地震预警不仅是一个技术系统，更是一项"社会系统工程"，其中就包括了对地震预警科普的这样一种期待：公众在了解地震预警的风险因素的情况下仍然愿意接受和使用此类信息，就像对天气预报的态度一样。地震预警事业的健康发展以及地震预警减灾效果的提升，在某种程度上与公众对这一技术系统所存在的偏差的社会宽容度有关。

令人欣喜的是，通过十多年来持续开展地震预警科普宣传，我国公众对地震预警系统的可靠性更有信心，同时对地震预警误触发的宽容度也保持在较高水平。中国地震局发展研究中心在其 2020 年的调查中发现，有 88.3% 的调查对象认为地震信息发布"有必要"，而在此类群体中，有 83.7% 的公众表示对地震预警误报"比较接受"和"完全接受"。分析显示，在经济发达、人口密集的大城市和地震多发区的公众对地震预警的需求和对地震预警误报的接受程度都明显更高。此项调查也反映出，还有 17.8% 的公众认为"地震预警可以没有，如果有不必须精准"。为了提升我国地震预警系统的减灾实效，今后仍然需要多主体共同努力提升地震预警的社会宽容度。

做好地震预警科普不仅能够提升社会公众对地震预警系统可靠性的科学认知水平，还有助于引导"社会公众正确看待地震预警的优劣势，避免引起心理恐慌"。郭凯等研究者提出，地震预警信息的公开化、透明化不仅可以帮助特定区域公众的逃生，而且能够降低社会对地震的恐慌情绪和过激反应，起到"大震减灾、小震定心"和"近场减灾、远场定心"的多重作用。

4. 推动各类终端平台参与信息发布与监测

前面已提出，地震预警既涉及地震预警监测，又涉及地震预警信息的传递，还涉及对地震预警信息的应用。对于特定的地区来说，地震是一个小概率事件。同样，地震预警也具有小概率性的特点，地震预警服务是一种非高频服务。因此，大部分民众难以在日常生活中（无地震发生的情境）主动、持续关注地震预警。这就需要基于用户角度，将信息获取的"主动模式"转换为"被动模式"，只有将地震预警功能内置到电视、手机、公共广播等能够实现信息自动触发的系统，才能实现在地震后以读秒的速度将地震预警信息推送给公众，更好地服务社会。

从成都高新减灾研究所十多年来合作的信息发布平台来看，按时间先后为序依次为：点位报警装置（包括社区、学校、机关、企业、楼宇等场所的大喇叭）、手机短信、手机 APP、电视、微博、手机内置操作系统。这些人们耳熟能详的信息发布平台都是常见的媒介形式。由于这些信息平台的管理主体各不相同，分布极为广泛，决策流程较长，成都高新减灾研究所在 2011 年 4 月首次具备地震预警能力后，耗费了非常多的精力与不同地域的地方政府部门、管理机构、通信等行业汇报和沟通。在此背景下，以中央媒体为主体的新闻媒体对地震预警技术及应用成效长期的报道，成为一个权威性、关键性的中介，逐步推动我国越来越多的地区和行业信息平台接入地震预警功能。例如，中央媒体对 2014 年 8 月云南鲁甸6.5 级地震预警、2014 年 10 月云南景谷 6.6 级地震预警的权威新闻报道，推动浙江的专业数据智能服务商"每日互动"于 2016 年启用了全国最大的第三方移动端SDK 在部分 APP 上内置地震预警功能；2017 年 8 月四川九寨沟 7.0 级地震预警的新闻报道，推动四川广电网络于 2018 年 5 月内置地震预警到全省的每个广电机顶盒；2019 年 6 月四川长宁 6.0 级地震预警的新闻报道，推动小米公司于 2019 年 10月实现了小米手机、电视操作系统内置地震预警功能。小米公司此举开创了我国地震预警领域的又一项"世界第一"，是全球地震预警乃至灾害预警科技领域的重要事件。

小米手机、电视操作系统内置地震预警功能（见图 6.4）在行业内部产生了很大的影响力，带动了 OPPO、vivo、华为、荣耀、TCL 等手机和电视厂家在终端操作系统内置地震预警功能。此外，还间接促进了 Google 的安卓操作系统于 2020年在美国开通了内置地震预警功能。2022 年 9 月 5 日四川泸定发生 6.8 级地震，地震预警系统再次被成功触发，手机、电视、"大喇叭"齐发预警信息，全国超过

4000 万民众收到预警信息，这也推动了苹果（中国）公司主动联系成都高新减灾研究所，希望 2023 年内在苹果移动终端内置地震预警功能。目前，该项工作正在继续推进中。

图 6.4　电视地震预警弹窗

基于中国地震预警系统可靠性的提升以及多年来的预警成效，2022 年 12 月，国家知识产权局通过了北京小米移动软件有限公司、成都高新减灾研究所共同申请的"一种检测地震信息的方法、装置及可读存储介质"专利，利用移动终端中传感器监测成本低、使用灵活的特点，建立覆盖范围广泛的监测网络，并且利用电波比地震波快的特点，在破坏性地震波到达之前发出通知预警，减少灾害损失。目前，这项功能仍处于志愿者测试阶段，测试结果将有利于该项技术的完善，使更多的终端厂商及移动用户参与到监测网络服务中来，共同提升中国预警的技术和社会服务能力。在地震预警服务中，地震预警信息需要通过触达每个实际使用信息的用户来达成社会服务效果，而用户通过移动终端加入地震监测网络，将使每个参加用户的移动终端都成为这个监测网络中的一个节点，对于提升扩展地震预警监测网络、优化地震预警性能具有积极作用。由此，这些用户就不仅是地震预警服务的单向接受者，同时也成为促进中国地震预警事业发展的参与者。当然，这张网络能够不断扩大，仍需要新闻媒体持续深入地开展宣传报道。

三、媒体对地震预警体制机制创新的推动

在现代社会，新闻媒体不仅是主流价值的传播者，也是经济社会事业发展的重要推动力量之一。在我国的新闻体制下，新闻媒体不仅是社会舆论的主体和载体，它还是主流价值的建构者和社会舆论的引导者。我国频发的地震灾害及其带来的巨大人身与财产损失，在客观上使新闻媒体和众多的自媒体对这一领域保持着极高的敏感度，这是其之所以能够在中国地震预警科技创新、模式创新、社会服务创新方面发挥不可或缺的重大作用的主观因素。从客观上讲，媒体也是我国地震预警体制机制创新的重要推动者之一。这些创新成果已经体现在我国的地震预警实践中，在某些方面还可以为全球其他国家尤其是地震多发地区提供示范。

1. 促进多主体共同开展中国地震预警网建设

地震预警服务从本质上说是一项社会公共服务，主要目的是促进公共安全，减少破坏性地震对人的生命安全造成的危害。同时，对于特定区域来说，地震是小概率事件，地震预警并不是一项高频服务，社会和市场力量往往由于缺乏商业服务模式和盈利预期而缺乏参与的积极性，这些因素导致地震预警服务一般会被决策机构和社会公众默认为只能由政府（地震部门或应急部门）提供。事实上，墨西哥、日本的地震预警技术服务体系早期确实都是由政府或政府指定的责任单位建立的。回顾 2009 年 2 月《中国青年报》的报道，针对王暾的地震预警创业，当时就有创业导师认为，地震预警装置并非一项持续性的产品，如果只有地震预警这一功能，"消费者可能会觉得功能单一，而不愿意大批购买，导致产品的市场越走越窄"，并提出"一个产品的价值在于解决问题的能力，地震报警器想要拓宽市场，需要将产品功能多样化，例如将地震报警与防火、防盗、防煤气泄漏等作用结合在一起，增加其购买价值。"这位导师的话的确具有预见性，成都高新减灾研究所在创业几年后就发现，单纯靠报警终端销售及市场化服务的路子是行不通的，由于经费的匮乏一度使地震预警科技创新陷入前所未有的困境。成都高新减灾研究所克服重重困难，于 2011 年开始面向社会提供地震预警信息服务，即使这样，也有不少政府官员、创业者和社会公众认为，这项服务应当是政府提供的公共服务，并不具备良好的市场预期。

成都高新减灾研究所经历了一个漫长的独立研发地震预警系统和建设地震预

警网的历程，知道其中艰辛的人不算太多，但也绝不是少数。经费匮乏只是其中的一个方面，另外一个最重要的因素就是——亟须像我国众多的科技创新领域一样，在地震预警科技创新领域建立一种决策层面、市场层面、公众层面的基本共识——多种主体的共同参与能够为科技创新创造更好的条件，有序的竞争能够提升科技创新的整体效率。就像熊彼特（Joseph A Schumpeter）在《经济发展理论》一书中所指出的那样，形成新的组织形式，创造或者打破原有垄断的新组织形式，是推动技术创新的一个重要方面。

事实上，成都高新减灾研究所的地震预警从来就不是"孤军奋战"，从其创业伊始，就得到了一些地方党委、政府、新闻媒体、社会团体及多个行业领域的支持。正是在这些组织、机构和社会公众的直接和间接推动下，并依靠新闻媒体发挥中介作用，逐步在全社会建立起了民营科研单位是可以成为地震预警网建设者、地震预警服务提供者的社会共识。实践证明，多主体的参与是我国地震预警技术实现快速突破并在多个方面走向全球领先的成功经验，也是推动我国地震预警服务不断升级的内生动力。

我国地震预警服务与网络的融合走过了一个"自下而上"的过程，这也是一个技术不断进步、服务不断优化、科普不断深入、社会共识不断强化的过程。在包括新闻媒体在内的多方面的推动下，成都高新减灾研究所首先与县级政府（汶川县、北川县、茂县）达成共识，于2012—2013年期间开展了地震预警服务试点，随后向更多县级区域推广。此后，逐步面向市州政府（四川成都、德阳、宜宾、凉山、阿坝，江苏徐州等地）开展试点并逐步推广。

2020年11月，成都高新减灾研究所与中国地震局签署合作备忘录，共建中国地震预警网。2021年1月，中国地震局下发《中国地震局中国地震预警网地震预警信息发布指南》，支持省市县分级发布地震预警、支持企事业单位提供地震预警信息服务。这两大举措标志着成都高新减灾研究所与市县政府（地震部门、应急部门）共同探索的政府与社会力量共建地震预警网、省市县政府分级发布地震预警信息的做法，得到了中国地震工作主管部门的认可。这是我国推动全面深化改革的背景下，地震预警领域的基层创新得到国家层面认可的典型案例，也是中国在地震预警系统建设与服务方面做出的一项具有全球示范意义的模式创新。

2. 提供了地震预警管理机制的讨论平台

前面已经提及，中国探索建立的多主体共建国家地震预警网的做法不仅是国内应急领域全面深化改革的创新案例，也具有全球推广价值。在此之前，国外多个国家采取的模式是典型的政府主导型：地震预警网由政府建设，地震预警信息由政府发布，地震预警服务由政府提供，地震预警标准由政府制定。与此对应，当前的中国地震预警机制模式则可以概括为：地震预警网由政企共建，地震预警服务由政府提供，地震预警一般性标准由企事业参与制定，但是涉及安全性指标的地震预警标准由地震主管部门主导制定，各级政府依据《突发事件应对法》具有地震预警信息发布权。截至目前，这些理念、机制在全球范围内都是具有创新性，它打破了国外地震预警服务的模式，也打破了隐藏在其中的惯性思维。

机制的转变既受到社会现实需求的推动，也受到观念和理念创新的推动。在这方面，新闻媒体及众多的互联网平台事实上成为多种声音的汇集地，这些观念背后又表现了多样化的现实需求。从地震预警管理机制这一视角来看，在成都高新减灾研究所独立开展地震预警网建设及应用服务之前，这一问题并未进入社会公众的视野。甚至就连成都高新减灾研究所自身也未仔细深入地研究这一问题。2008—2010年的3年期间，地震预警系统的技术研发是成都高新减灾研究所面对的最大问题，成都高新减灾研究所本来就为数不多的工作人员中有六成以上都投入了技术研发工作。这个时期，王暾的身心也主要投入到研发工作中。不过，在他参加的各种科研交流和社会活动中，一些政府领导和高校、科研机构专家学者的意见建议，让他越来越多地注意到地震预警技术应用与管理体制机制密切相关。2010年2月26日，王暾等9位专家受中国地震局邀请，参加"地震烈度速报与预警技术专业仪器设备研讨会"；2010年3月7日，王暾再次受中国地震局邀请参加了"地震预警与烈度速报系统的研究与示范应用项目启动工作部署会"，在会上介绍其研发的"学校型地震灾害警示系统"；2010年5月10日他再次以专家身份参加了"汶川特大地震暨巨灾应对全国研讨会"，并在会上提出了建设防震减灾体系的建议。这些研讨交流增加了他对中国地震预警工作体系的认知，他渴望自己牵头开展的地震预警技术研发能够有效融入这一体系中来，尽快实现其以科技服务我国减灾事业的梦想。

到2011年，当成都高新减灾研究所开发的地震预警系统初步具有预警能力时，成都高新减灾研究所更加深刻地意识到，在做好预警系统软硬件升级完善的同时，必须认真考虑预警信息发布的平台渠道、法律责任、公众意见回应等问题，对地震预警管理机制的深入思考由此起步。成都高新减灾研究所不仅组织自身的内部职工学习地震预警管理相关的政策法规，积极了解国外地震预警管理方面的做法，而且通过多种渠道就有关问题征求地震管理部门、国内外专家学者的意见建议，并多次组织召开论坛和线上研讨交流活动。部分活动以及专家意见得到了新闻媒体的报道，使政府、市场和社会层面更多地了解到地震预警管理机制方面存在的问题，并且通过互联网平台的二次传播聚合了一批有真知灼见的网友的看法。这些新闻报道中，有不少报道直面地震预警管理中存在的问题，作了富有建设性的报道。例如，《科学时报》2011年12月30日刊发的深度报道《我国地震预警遭遇非技术尴尬》提出，"由于缺乏相关法律和实施标准，进而在发出错误预警信号后易引发纠纷乃至造成损失，一定程度上影响了我国建立全国性地震预警系统的步伐。同样因为愿意参试的单位太少，使得地震科研机构无法获取试验数据，对我国地震预警技术发展也极为不利。"2013年2月，《21世纪经济报道》在《中国地震预警路线图之争调查》一文中提出，民间机构成功预警地震暴露了中国官民预警之争，认证双方在技术领域存在官民竞速问题，同时也指出成都高新减灾研究所的技术研发和运用已经获得了一些地方政府的有力支持。同年3月4日，《科技日报》刊文《"中国式"地震预警的"官""民"之争》，认为我国关于地震预警的技术路线图尚无定论，但地震部门与民间机构之间的摩擦已经发生，折射出公共服务领域科技创新管理滞后、规范缺乏等诸多问题，同时也提出了建设性的建议——实践先行与规划后置，出路在于"官""民"合作。2014年7月30日，《21世纪经济报道》在《中国地震局加强地震预警管理》一文中说，国家地震部门基于地震预警的复杂性等因素，在相关文件中要求各地方地震局对未获得政府授权的地震预警信息发布行为"及时制止"和"责令整改"。2019年6月22日，《南方人物周刊》刊发《一次"成功"的地震预警背后：争议从未停止》，认为"争议的焦点"包括地震减灾商业化、"官民之争"等。2020年10月20日，DeepTech深科技在《中国地震预警：国家地方"两张网"，该听谁的？》一文中认为，"官民之争"尽管客观存在，但双方的初衷都是为了强化中国地震预警能力，携手合作才是最好的出路。2020年11月24日，《21世纪经济报道》刊发《地震预警"官民之争"暂告段落：大陆地震预警网或被融入官方预警网络》一文，认为预警技术是双方合作的基础，但在信息发布权方面仍存争议。

大量的新闻报道呈现了地震预警事业发展中的复杂性，新闻媒体和社交平台都成为我国地震预警管理机制改革的重要讨论平台。通过各方面的反复沟通、研讨、交流，以及通过媒体等平台有力聚合社会各界的意见建议，中国地震局与成都高新减灾研究所最终在多方面达成了共识，双方签署了合作备忘录并通过《中国地震预警网地震预警信息发布指南（内部试行）》（中震服〔2021〕4 号）等形式固定下来，标志着我国地震预警管理机制改革取得了实质性的创新突破。

近十年间，由中国提出并在中国率先实践的政府与社会力量共建地震预警网的模式已被尼泊尔、印度尼西亚两国政府先后采纳。在成都高新减灾研究所的技术支持下，尼泊尔和印度尼西亚两国先后建立了地震预警网。2023 年 2 月 6 日，土耳其发生两次 7.8 级地震，造成了巨大的灾难。面对破坏性地震的持续威胁，全球多个地震高发国家和地区更加关注地震预警系统建设。中国自主研发的地震预警技术、富有开创性的地震预警网建设模式、系统化的地震预警服务模式，将可能服务全球更多的国家和地区，为建设更加安全的人类命运共同体做出贡献。

3. 引起了各级党委政府及相关部门的重视

地震预警作为一项事关人民群众生命财产安全的公共事业，政府在地震预警事业发展中承担着行业规划与监管、信息发布、科学普及、应急处置等责任。成都高新减灾研究所在努力融入我国的地震预警管理体制的过程中，一方面通过面对面的工作汇报和座谈、研讨、交流等形式争取各级党委、政府及相关部门的支持，一方面通过新闻媒体的报道，大大提升了地震预警技术研发与应用工作的信息透明度。

新闻媒体对地震预警科技进步、技术应用、减灾效果、管理工作中出现的争议的持续报道，引起了党中央、国务院及相关部委的高度关注。新华社、中央广播电视总台等中央权威媒体多次通过内参渠道向高层反映地震预警领域的进展和问题，引起了决策层的高度重视。不少地方党委、政府及发改委、应急部门、科技部门、地震部门等对地震预警给予了重点关注和大力支持，不同程度地促进了地方地震预警管理机制的优化，增加了科技与项目资金的投入，推动了地震预警技术系统的落地应用。此外，这些宣传报道间接推动了国家地震烈度速报与预警工程的立项进程以及技术方案优化，促进了相关部门更加关注地震预警领域的创新创业，在高层次人才评选、创新创业支持、应用领域拓展等方面为地震预警事业发展创造了更好的环境。多个地方的人大、政协、外办、侨办也立足自身职能对地震预警事业给予了关注和支持。

4. 提升了中国地震预警的国际影响力和创新自信

近年来，中国首次实现电视地震预警、中国与尼泊尔及印度尼西亚共建地震预警网等事件，被日本、印度尼西亚等一些国外媒体关注报道。《中国日报》等国内涉外媒体持续刊播中国地震预警科技及应用动态，面向国外宣传中国地震预警系统建设的成效与模式，传递中国地震预警的声音，彰显了中国地震预警系统在服务"一带一路"倡议中的作用。

2019年6月17日四川长宁6.0级地震的预警，被国内外媒体包括自媒体广泛报道，不仅赢得国内网友的点赞，也受到国外网友的好评。国外社交平台上有不少评论："这是一个伟大的公共预警系统""这是最重要的内置基础设施。拯救生命，干得好，中国""技术非常先进，确保其人民的安全，中国有正确的态度""日本也需要这样的具有倒计时功能的地震预警系统""它在墨西哥和日本已经出现很长一段时间了，很高兴看到中国也投资了这个系统""它确实给人们留下了寻找掩体的时间，但也需要增强安全培训"，等等。国内外各类媒体对我国四川长宁6.0级地震预警的报道，也使美国、欧洲、日本的地震研究领域的专业人士关注到中国在地震预警科技创新领域取得的积极进展。

这些新闻媒体的报道直接或间接促进了联合国教科文组织、联合国减轻灾害风险办公室与成都高新减灾研究所的工作联系。在这些国际组织和机构的推动下，既使中国地震预警成效甚至多灾种预警方面的成果在联合国2017年、2019年多灾种预警会议上面向全球展示，也在某种程度上促成了这些国际组织和机构参与了2022年12月在成都举行的国际灾害预警专题会议，向全球展现了中国在地震预警和多灾种预警领域的科技创新及模式创新成果。

2022年12月11日，在成都举行的国际灾害预警科技与服务创新论坛上，来自联合国教科文组织、联合国减灾署、联合国开发计划署、中国、美国、英国、日本等灾害预警领域的200多位专家通过线下与线上形式参会，围绕多灾种预警技术、政策、法规、管理等话题展开交流讨论。这是联合国教科文组织首次在中国举办多灾种预警会议。论坛中，联合国教科文组织相关负责人对中国在灾害预警领域取得的进展给予了高度评价，与会各方就"Early Warning, Early Action for All""多灾害预警是基本公共服务"等达成广泛共识。中国新闻社评价认为，论坛"有力推动国际多灾种预警科技及应用迈向新的阶段，服务人类命运共同体的安全篇章"。

此外，十多年来，越来越多的国内社会公众亲自收到地震预警，越来越多公众通过持续的媒体宣传知晓了中国地震预警技术全球领先、中国地震预警网覆盖范围全球最大、中国地震预警用户规模全球最大等信息。这些"第一"与汶川地震发生时，中国无地震预警技术、无地震预警网、无地震预警服务，人们以羡慕的眼光看待日本地震预警系统的状况形成了鲜明的对比。这些对比展现了中国在汶川地震后 15 年间发生的巨大变化，增强了人们对中国地震预警和多灾种预警等领域的创新自信。

PART SEVEN

第七章

手机、电视等智能终端在我国地震预警体系建设中的运用

一、手机、电视地震预警服务在我国地震预警体系建设中发挥的作用

　　根据地震预警"叫应一体化"机制的要求，地震预警工作的顺利完成既要有"叫"又要有"应"，即发布地震预警信息之后应当及时响应开展应急处置措施，如布设报警装置、将地震预警信息与电视信号对接、将地震预警信息与各学校、街道、小区对接等等，如果只有"叫"没有"应"或者"叫""应"衔接不紧密，则难以达到地震预警的理想效果。作为发出地震预警信息的载体，手机、电视等智能终端的重要性不言而喻。总的来说，手机、电视地震预警服务在我国地震预警体系建设中主要发挥了服务地震预警、科普地震预警、助力地震预警管理机制建立的作用。

　　1. 服务地震预警，面向全民打通地震预警"最后一公里"

　　当前我国已能通过"手机+物联网"平台对破坏性地震进行预警。它依托一张覆盖220万 km² 的全球最大规模地震监测传感器网络，能够自动识别地震，研判分析其数据，以最快速度向受影响区域的手机、电视等智能终端发出预警信息；接收到信息的手机、电视等物联网智能终端则采用最高级推送策略，并根据用户所在位置，第一时间精准告知用户地震波在多少秒后到达、破坏程度多大，同时提示避险场所、紧急联系人和机主医疗信息卡，帮助患者第一时间接受救助。在此过程中，手机、电视等智能终端起到了面向全民打通地震预警"最后一公里"的作用。对任何个体而言，亲身经历灾害、地震预警都是小概率事件，侥幸心理导致大部分民众平时难以关心、关注作为小概率事件的地震预警，从而民众难以在无灾害时主动关注地震预警信息的获取、科普。而当前我国的网络普及率、智能终端持有率已达世界先进水平，手机、电视已经几乎全覆盖每个人、每个家庭，是传递地震预警信息的良好渠道。将地震预警功能配置在手机、电视中，可以充分发挥地震预警的减灾效益。例如，在 2019 年小米等手机、电视内置地震预警功能之后，一次收到地震预警信息的人数规模就从 2017 年九寨沟 7 级地震时的几百万上升为 2022 年泸定 6.8 级时的超 4000 万，更多民众的生命财产安全因此受到保护。

2. 科普地震预警，显著提升民众对地震预警的认知水平

手机、电视地震预警服务的是公众，服务公众不同于服务工程、工厂等特定用户的"点对点"模式，而是"点对面"模式。据统计，手机、电视广泛接入地震预警功能导致累计接收到地震预警信息的中国民众超过 1 亿人次，这些人都可以直接感知到地震预警的效果，并被科普地震预警的功能。此外，通过受益民众的直接宣传，以及媒体对地震预警事件的宣传，显著提升了民众对地震预警的认知水平，基本上让民众知晓地震预警的存在以及功能。当然，还需要进一步进行科普工作让广大民众知晓不同烈度、不同场景、不同楼层下如何更好地通过地震预警保护自己的生命财产安全。

3. 探索地震预警信息的发布与服务模式，助力地震预警管理机制建立

由于地震预警技术在我国的应用是十分晚近的事情，地震预警网该如何建设？地震预警网的建设主体可以是哪些单位？地震预警信息的发布主体是哪级政府（地震部门）？地震预警信息的服务主体可以是哪些单位？在地震预警领域，政产学研用如何形成合力？地震预警的规章、标准是如何编制的？这些问题的答案尚不明确，这既需要依据上位法《突发事件应对法》及《防震减灾法》的规定，也需要结合地震预警的科学特点和地震预警领域的中国实践予以解答。

我国电视、手机用户数量众多，用户规模呈不断扩大趋势，地震预警的科学特点和中国实践都能够从地震预警用户的反馈中得以总结提升。便于政府、主管部门、专家在接收到预警信息或收到数千万民众的反馈后实事求是地推动地震预警的规章、标准、机制的良好制定。事实上，2021 年中国地震局制定的《中国地震局中国地震预警网地震预警信息发布指南》即反映了这样的成果——支持省市县地震部门分级发布地震预警。2008 年汶川地震之前，中国无地震预警技术、无地震预警网、无地震预警服务，而 2008 年后，四川在研发地震预警技术时，采用"边

研发、边建设、边服务"的模式同步推进地震预警服务，重点研究具有重要社会影响的手机、电视地震预警服务，依据《突发事件应对法》及《防震减灾法》，研究、试验、优化并建立了新型地震预警管理机制，并在中国、尼泊尔、印度尼西亚应用。

二、运用手机、电视等智能终端服务地震预警的方式与历程

地震预警的 4 个指标"准、快、广、大"中的"大"指的是地震预警信息覆盖全民。为此，成都高新减灾研究所进行了不断尝试。起初，成都高新减灾研究所在 2011 年研发了地震预警 APP，并于 2011 年 9 月与成都市防震减灾局开启了公众体验地震预警活动，并有一些民众开始下载地震预警 APP。但是随后发现以地震预警 APP 的方式发布地震预警存在两方面问题：第一，并不是所有人都知晓地震预警 APP 的存在，平时几乎没有人下载，基本上只有在每次大震后其下载量才会显著提升。截至 2019 年，累计下载了大约 6000 万次。虽然该下载量是一个很大的数量了，但是距地震预警服务全民，差距仍非常大。第二，想要通过地震预警 APP 发布地震预警并达到理想效果的前提是网络信号良好，这对带宽有一定要求，如果带宽不足，则会发生地震已经结束才收到地震预警信息的现象，此时地震预警将无法达到理想效果。因此，成都高新减灾研究所尝试内置地震预警功能到手机、电视操作系统，从而避免上述问题的产生。

2012 年，在广电网络的支持下，在汶川县政府授权下，汶川县启用了电视地震预警，开户了全国首个电视地震预警服务，并带动北川县、茂县开启了电视地震预警服务。汶川县、北川县、茂县开启电视地震预警服务，代表着县级政府（县地震部门）授权，民办机构与地震部门联合建立地震预警网，依法通过电视地震预警服务社会，是技术可行的，是机制可行的，并得到了主流媒体的肯定（见图 7.1 ~ 7.4 ）。

世界首创、成都市高新减灾研究所研发

电视地震预警汶川首试成功

朗读

来源：中国经济时报-中国经济新闻网　日期:2012年08月23日　作者：韩清华　韩民权

浏览量：5395

图 7.1　电视地震预警汶川首试成功的新闻报道

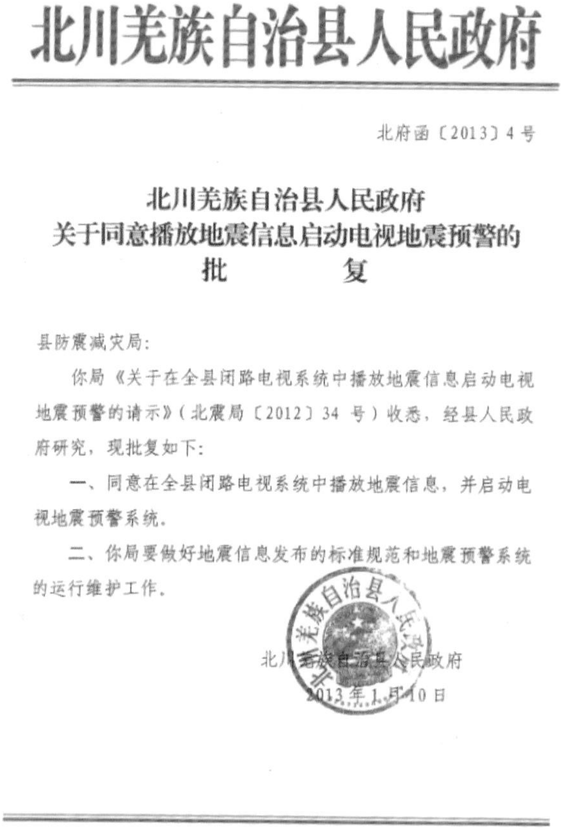

北川羌族自治县人民政府

北府函〔2013〕4 号

北川羌族自治县人民政府
关于同意播放地震信息启动电视地震预警的
批　　复

县防震减灾局：

你局《关于在全县闭路电视系统中播放地震信息启动电视
地震预警的请示》（北震局〔2012〕34 号）收悉，经县人民政
府研究，现批复如下：

一、同意在全县闭路电视系统中播放地震信息，并启动电
视地震预警系统。

二、你局要做好地震信息发布的标准规范和地震预警系统
的运行维护工作。

北川羌族自治县人民政府
2013 年 1 月 10 日

图 7.2　北川授权开启电视地震预警文件

（资料来源：北川羌族自治县防震减灾局）

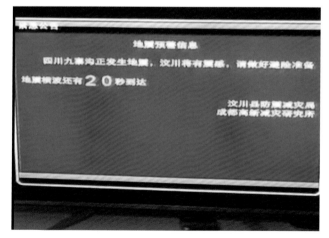

图 7.3　汶川电视地震预警效果

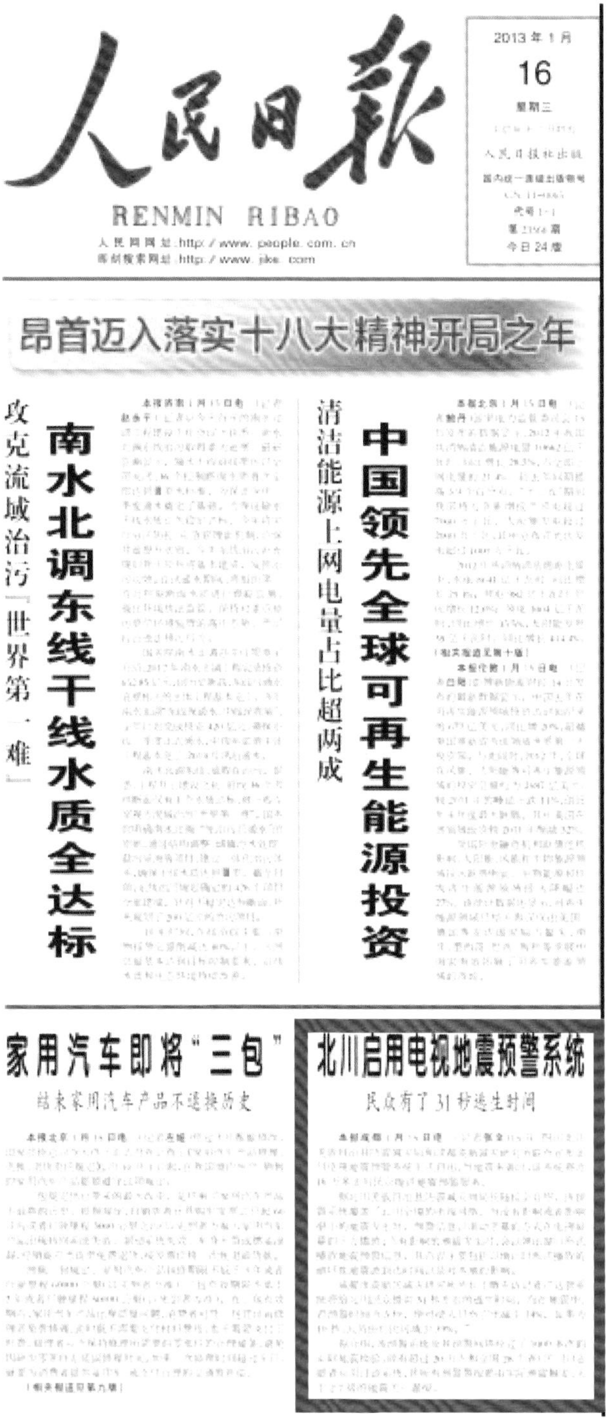
人民日報

RENMIN RIBAO

人民网网址:http://www.people.com.cn

2013年1月

16

星期三

人民日报社出版

今日24版

昂首迈入落实十八大精神开局之年

南水北调东线干线水质全达标

攻克流域治污"世界第一难"

中国领先全球可再生能源投资

清洁能源上网电量占比超两成

家用汽车即将"三包"

结束家用汽车产品不退换历史

北川启用电视地震预警系统

民众有了31秒逃生时间

图 7.4 《人民日报》2013 年 1 月 16 日报道北川启用电视地震预警系统

这些电视地震预警服务，在 2013 年 4 月四川芦山 7.0 级地震、2017 年 8 月四川九寨沟 7.0 级地震时都发出了电视预警，产生了重大社会影响，带动了大陆地震预警网的全国性建设，推动了地震预警在中国的应用，助力了中国地震局"国家地震烈度速报与预警工程"项目的立项，也为电视、手机预警的大规模开启奠定了技术、机制、先行先试的基础。

特别是 2017 年四川九寨沟 7.0 级地震的成功电视预警（见图 7.5）直接带动了四川省广电网络接入大陆地震预警网的预警信息。2018 年 5 月，在汶川地震 10 周年之际，在德阳市政府、宜宾市政府的分别授权下，德阳市、宜宾市开启了中国首批市州电视地震预警，《科技日报》对此进行了报道（见图 7.6）。

图 7.5　四川九寨沟 7.0 级地震时电视地震预警效果

德阳市、宜宾市以及随后的几个市县电视地震预警的开启，进一步验证了市县政府（市县地震部门）依据《突发事件应对法》及《防震减灾法》授权建立电视网络接入民办机构与地震部门共建的地震预警网的预警信息，面向市县辖区内的千万民众提供电视地震预警服务的机制是可行的、安全的，是符合广大民众安全利益的。

作为中型城市的德阳市、宜宾市开通电视地震预警后，一个自然的问题是，省会城市、国家中心城市，例如成都，能否用同样的机制开启电视地震预警服务呢？鉴于手机 24 小时伴随民众，能否用同样的机制开启手机内置地震预警功能，更好服务民众的地震安全呢？

新闻热线：010-58884052　E-mail:zbs@stdaily.com　科技日报　■责编 马树怀　2018年5月4日 星期五

❹ 综合新闻　ZONG HE XIN WEN

超级净水膜诞生！薄膜上首次制造图灵结构

本报记者 江耘　通讯员 柯溢能 吴雅兰 周炜

自然界也是可控制复杂、精妙物化的图案与形态。动物的脊柱是在植物的根状叶序，它们构造着时序之美，也隐含着对称性的好奇心，C₄……

"发脸"的滤膜

奋斗在新时代

孙丽：让中国起重机站上世界之巅

本报记者 李艳

晋城等3市大气污染防治不力被约谈

本报记者5月3日电

梨树为何不愿"近亲结婚"
花粉管中暗藏梨自交不亲和性的秘密

本报记者5月3日电

用青春守护新生

5月3日，在贵州省人民医院产科……

新华社发（李嘉南摄）

科博会精彩展示一批海洋科技成果

本报记者5月3日电

地震波抵达前可弹窗倒计时

四川德阳宜宾两市开通电视地震预警

本报记者5月3日电

胡蜂不只会蜇人，还会攻击性地传播种子

本报记者5月3日电

河南明确院线发攻坚贫困县网表路线图

本报记者5月3日电

国家子午工程二期落户兰州大学

本报记者5月3日电

图 7.6　《科技日报》2018年5月4日报道四川德阳及宜宾两市开通电视地震预警

通过实际地震的公开检验，再次推动了电视、手机地震预警服务。2019 年 6 月 17 日四川长宁 6.0 级地震触发了大陆地震预警网的预警，千万民众通过手机 APP、电视、"大喇叭"收到预警，广大媒体和自媒体纷纷报道，该新闻得到了超过 25 亿人次观看与阅读，带动了面向全国乃至全球的中国地震预警进展宣传和科普。特别是小米公司的工作人员看到了该预警新闻后，就主动联系成都高新减灾研究所，希望内置地震预警功能到手机、电视操作系统中。

随后，小米公司与成都高新减灾研究所联合进行了技术研发，实现了手机、电视的操作系统内置地震预警功能。同时，小米法务联合中国人民大学、中国政法大学的法律专家进行了研讨，确认了手机、电视内置地震预警功能的合法性。另外，特别重要的是，作为省会城市、国家中心城市，成都市政府、成都市应急局依法授权基于成都市与成都高新减灾研究所共建的地震预警网的信息服务手机、电视（见图 7.7）。

基于电视地震预警机制（民营机构与地震部门共建地震预警网，市县政府授权在所在辖区内接入指定地震预警网的信息，开启对不特定民众的预警服务）的实践，经过与成都高新减灾研究所的共同研发，小米公司于 2019 年在全球率先内置地震预警功能到手机、电视操作系统中，使得其后的小米手机、电视出厂即内置了地震预警功能（见图 7.8）。

随后，在小米公司的示范下，国产 5 大品牌的手机（小米、OPPO、vivo、华为、荣耀）先后将地震预警功能内置到手机中，TCL、康佳、海信等电视厂家将地震预警功能内置在电视操作系统中。2019 年以来，由于众多手机、电视厂家预装地震预警功能到手机、电视操作系统中，使得地震预警用户规模上升 10 倍以上，内置地震预警功能的电视、手机用户已达 8 亿左右，使得我国地震预警服务的终端数量、用户规模成为全球最大，并在实际地震中得以检验。2022 年 9 月 5 日，四川泸定 6.8 级地震被成都高新减灾研究所与中国地震局共建的中国地震预警网预警，四川、云南、重庆等地超过 4000 万民众通过手机、电视收到预警，减灾效益、社会效益良好，人民网对该次地震预警进行了报道（见图 7.9）。

授权书

成都高新减灾研究所：

我局授权贵公司以"成都市应急管理局"的名义向贵公司的电视或手机 APP 用户提供成都市地震预警系统及共享站点监测发布的地震预警信息，在成都市及周边发生强有感地震或强震时为贵公司在成都市域内的电视或手机 APP 用户发出预警。

贵公司的电视或手机 APP 作为地震预警信息传递渠道，无需对地震预警信息的准确性负责。

我局根据《成都市地震预警信息发布委托协议》条款，委托成都高新减灾研究所与贵公司衔接开通电视或手机 APP 地震预警相关事宜。

本授权有效期 1 年。

特此授权。

成都市应急管理局

2021 年 2 月 26 日

图 7.7　成都市应急管理局授权书

（资料来源：成都市应急管理局）

图 7.8　手机地震预警界面

四川泸定6.8级地震 千万民众收到提前预警紧急避险

2022年09月05日15:26 | 来源：人民网 - 四川频道　　　　　　　　　　　　　　T: 小字号

电视用户收到地震预警。成都高新减灾研究所供图

图 7.9　人民网报道四川泸定 6.8 级地震预警

鉴于手机、电视服务地震预警的链接能力，多灾种预警也需要手机、电视地震预警服务。为此，2020 年全国人大代表、小米集团董事长雷军建议，加快运用智能手机、电视等智能终端建设我国地震预警等公共服务体系。

我们认为，多灾种预警服务仍然可以依据《突发事件应对法》，采用各级政府授权，接入多方共建的地震预警网的预警信息在各地开启。

三、优化地震预警管理机制的对策建议

1. 应当鼓励科研机构、科技企业为代表的科技力量、社会力量，成为我国地震预警体系的建设和服务主体

地震预警既是科学工程、社会工程，也是政府的责任工程，社会力量不仅能够成为地震预警信息的传递渠道，也能成为地震预警系统的建设主体。建议尽快完善相应的配套法律法规，减少行政干预，明确政府统一协调、整体监督、主动服务的职能；同时，积极落实党中央关于"完善党委领导、政府负责、民主协商、社会协同、公众参与、法治保障、科技支撑的社会治理体系"的要求，参考国家邮政局支持社会力量参与快递服务、交通部支持网约车的做法，出台相应政策，明确鼓励、引导、支持科研单位、企业等社会力量深度参与、积极开展地震预警领域的相关研发和应用，政府则着力加大新基建建设的力度，整合资源、提升效率。

在地震监测预警领域的技术研发方面，建议扶持重点科研项目；在产品应用方面，建议从产业链出发，制定完善一套完整的地震监测预警产业目录，并扩大政府采购范围，鼓励更多企业加入招投标；鼓励科研院所加大成果转化力度，加快成果转化进程，优化投融资模式，提高基础科研工作者收益比例；对成绩显著的带头企业进行成果奖励等。

2. 破除行政障碍和体制机制藩篱，出台综合性地震预警管理办法，推动各级应急管理部门尽快授权开通全国电视、手机地震预警服务

我国当前的网络普及率、智能终端持有率已达世界先进水平，保障地震预警的硬件条件相对完善，但"软环境"仍需改善。例如，在地震预警领域，有效的地震预警需保证秒级响应、广泛分发，以确保受影响区域的民众能够第一时间、以最高优先级获取警报。但目前，部分省份的地方性法规和国家法律现行实践存

在不兼容的地方，导致以科技为导向的地震预警平台难以在全国范围内落地。建议调整不适当的立法，敦促出台符合《突发事件应对法》的地震预警管理办法，根据地震影响范围、受灾人群的分布及特点，制定有可操作性的具体规范，确保基层有足够的预警行动权限。同时，也建议各级应急管理部门尽快授权开通全国智能手机、电视等智能终端地震预警服务（无须政府、民众投入资金），在进一步打通地震预警"最后一公里"的同时，为其他地震预警领域积累应用经验和民众认知度。

3. 加强全社会地震避险科普教育，推动地震预警服务在我国高地震风险区、人员密集区率先实现全覆盖

建议在我国高地震风险区、人员密集区"先行先试"，优先将较为成熟的地震预警技术，应用到地震风险区的幼儿园、中小学、危化企业、能源设施等重点区域。既能更好地保护受灾风险最高、抗灾能力最低的个体和组织，也能为新兴的地震预警技术孵化、推广提供应用场景。

未来可以进一步将地震预警服务纳入社会保障服务标准体系，例如对流行病易感人群、年老多病或缺乏子女抚养的独居者等优先开通地震预警服务，同时通过新闻媒体、学校等加强全社会的地震避险科普教育，使公众进一步了解地震预警各类常识以及关键设备的操作方法，解决"收到预警怎么办"的问题。

积极履行社会责任，向社会和用户提供能够保障人身安全的功能是当代中国企业义不容辞的职责。应当呼吁中国手机和物联网平台、技术和设备生产厂商能够积极响应，在预警等领域接入成熟技术，尽快将已验证的科研成果转化为一线产品，积极探索人工智能物联网技术的社会公共应用，在相关信息的可达性、服务丰富度、产品体验上多下功夫，让我们着力搭建的"安全网"惠及千家万户。

PART EIGHT

第八章

地震预警的未来发展

一、地震预警技术已有成果

2008 年四川汶川 8.0 级特大地震促进了中国防震减灾能力的显著提升，15 年来，"四川智造""成都智造"地震预警成果使中国地震预警技术体系从无到全球领先、中国地震预警网从无到全球最大、中国地震预警服务从无到规模全球最大，促进了中国地震预警领域的法规、管理机制从无到有，促进了从中国民众仰望国外的地震预警服务到国外民众仰望中国地震预警服务的转变，具有显著的科技、经济、安全和社会效益，具体体现在以下几个方面：

第一，"四川智造""成都智造"地震预警成果使我国从无到强建立了全球领先的地震预警技术体系，地震预警系统的可靠性（误报、漏报的抑制能力）、响应速度都全球领先，且所提出的基于 MEMS 传感器的地震预警方案被国家发改委、中国地震局采纳，使得中国地震局"国家地震烈度速报与预警工程"的地震预警传感器数量从 5000 个增加到 15000 个，且其中 2/3 都为本成果提出的烈度仪，使得该工程的地震预警系统性能大幅度提高。

第二，"四川智造""成都智造"地震预警成果使我国从无到广建立了覆盖面积全球最大的地震预警网，使得我国成为继墨西哥、日本之后世界第三个具有地震预警能力的国家。成都高新减灾研究所自 2010 年开始建设大陆地震预警网，至 2015 年应用"成都智造"预警成果建成了延伸至全国 31 个省（自治区、直辖市）、覆盖 240 万 km²、覆盖我国地震区 90% 面积、覆盖我国地震区 90% 人口（约 6.6 亿人）的全球最大的地震预警网——大陆地震预警网。该预警网由 8500 个传感器（烈度仪）构成，覆盖我国人员密集的地震区。

第三，中国大陆地震预警网公开运行 12 年来迄今无误报，成为全球可靠性最高的地震预警网。地震预警是全自动的秒级响应，从理论上是存在误报的可能的。事实上，墨西哥、日本所建立的地震预警网每 2 年左右都会误报一次，且都有误报过 7.0 级地震，甚至日本的地震预警系统还误报 9.1 级地震。"四川智造""成都智造"地震预警成果表明地震预警网是可以超过 10 年无一误报的。

第四，"四川智造""成都智造"地震预警成果支撑了中国从无到大建立了用户规模全球最大的地震预警网，保障中国上亿群众的生命安全，具有重要的减灾效益、民生效益和科普效益。由于 2019 年以来，小米、华为、OPPO、vivo、TCL、康佳、海信等手机、电视都已内置地震预警接收模块，中国地震预警网的用户数量超过 8 亿，使中国地震预警用户规模达到全球最大。2022 年 9 月，四川泸定发生 6.8 级地震时，超过 4000 万民众收到预警，是地震预警广泛服务民众安全的典型案例。另外，该成果显著推动了中国地震预警科普，提升了中国民众的地震预警和防灾减灾意识。

第五，探索建立多行业应用地震预警对策，从无到有建立了中国地震预警应用经验。地震预警的时间只有几秒到几十秒，有效应用这几秒到几十秒的预警时间在各行各业都是有减灾价值的。"四川智造""成都智造"预警成果已连续 12 年安全服务民众、学校、社区、化工、地铁、高铁、国防、国家预警信息发布中心、国家减灾中心及系列重大工程。

第六，提出了地震预警领域的行业规律，即地震预警兼具科学性、公共安全性、公益性、商业性，助力建立了地震预警领域的政产学研用协同创新体系，提出了地震预警是全自动的秒级响应，其可靠性（误报率、漏报率）等性能完全取决于技术系统自身，为了充分发挥预警信息的正面效益，控制恐慌、防止过度预警和预警不足等负面效应，需要在制定发布规则、制定应急响应对策和进行科普方面下功夫。

第七，助力建立了政府主导、政产学研用协同创新的机制，参与建立了地震部门与民营科研单位协同推动中国地震预警事业的机制，从无到有助力建立了"省市县政府分级发布地震预警"的机制。在全球率先打破了仅由地震部门研发地震预警技术或建立地震预警网的老思路，实现了全球首个民营科研单位在一个国家率先突破地震预警技术，实现了全球首个社会力量与地震部门共建地震预警网，实现了中国地震局与民营科研单位签约共建中国地震预警网。探索了政府、地震部门、社会力量协力推进地震预警事业的市场机制，探索了政府授权采用社会力量与地震部门共建的地震预警网发布地震预警的机制，探索构建了"社会力量建设地震预警系统、省市县政府发布"的模式，基于"实践是检验真理的唯一标准"，助力提升灾害预警领域的治理体系和治理能力。

第八，建立了中国在地震预警、多灾种预警领域的创新自信。中国民众不再仰望日本地震预警技术。基于地震预警和多灾种预警系统的共性，推动了中国多灾种（地震、滑坡、泥石流、山洪、山火）预警技术成为全球第一梯队。

第九，支持了国际地震预警事业。一方面，"四川智造""成都智造"地震预警成果被尼泊尔、印度尼西亚全面采纳，支撑了尼泊尔、印度尼西亚的地震预警系统的建设，尤其是尼泊尔地震预警网与中国大陆地震预警网实现互联互通，还成为全球首个跨国地震预警网；另一方面，该成果的设定预警烈度阈值的方案被美国 USGS 采纳，助力优化了美国加州的地震预警服务。

第十，强化了中国地震预警科普。要实现地震预警的减灾目标，需要促进地震预警技术系统与社会系统的连接，媒体在其中发挥了重要作用。近十多年来，以中央媒体为代表的各级各类媒体持续报道我国地震预警的技术进展与应用成效，增强了公众对地震预警系统可靠性的信心，动员了越来越多的社会公众和市场主体参与到地震预警事业中来，提升了中国地震预警技术的国际影响力，成为我国地震预警事业发展的重要推动者。

以上成绩是在各级党委政府的领导下，由中国地震局和各级地震部门、院校、研究机构、企业、媒体共同努力的结果，是相关部门支持和全社会关心支持的结果。

另外，中国地震局及其直属机构也在技术、服务、政策法规等方面积极推动着地震预警工作，例如：2000 年前后就开始探索地震预警技术，2008 年汶川地震后加大了地震预警技术的研发投入，2012 年福建省地震局作为首个省级地震局建立了福建省地震预警网，2015 年中国地震局获批立项"国家地震烈度速报与预警工程"，2018 年国家烈度速报与预警工程开启建设，川滇两省成为该工程的先行先试建设区，预计 2023 年中国地震局"国家地震烈度速报与预警工程"全面建成。

特别值得强调的是，中国地震局与成都高新减灾研究所为了民众早日收到预警，为了国家地震预警工作，积极进取、相互借鉴、相互促进，共同推动了地震预警技术研发、地震预警网建设、地震预警服务等工作。2020 年 11 月，中国地震局与成都高新减灾研究所签署合作备忘录，共建中国地震预警网，并以"中国地震预警网"名义服务社会；2020 年 12 月，中国地震局授牌成都高新减灾研究所为

"中国地震局地震预警技术研究成都中心"。中国地震局与成都高新减灾研究所的合作实现优势互补、互利共赢，共同推动了中国地震预警行业的发展与进步。

二、地震预警技术未来发展方向

经过 15 年的不懈努力，我国地震预警技术高速发展并达到全球领先的高度，与此同时，我们也应当积极迎接当前我国地震预警领域面临的机遇与挑战，主要包括以下几个方面：一是中国地震预警网已成为国家重大民生工程，要力争地震预警全面服务地震区所有中小学、社区、场镇、工厂、工程等。二是我国地震预警技术已具有了全球领先的优势，在向全球展现我国高科技的防震减灾形象的同时，有望更好服务全球更多国家和我国外交。三是多灾种预警已成为中国、全球的发展方向，中国如何应用在地震预警及多灾种预警领域建立的技术优势以及灾害预警领域的管理机制成果服务中国乃至全球，中国如何成为全球灾害预警领域的科技创新中心和成果转化基地，中国如何助力建立全球地震预警网与全球多灾种预警网从而服务全球防灾减灾能力，服务人类命运共同体的安全篇章都是灾害预警领域的重大课题。四是随着地震预警技术的不断发展与进步，当前地震预警领域的法律体系仍需健全完善，存在的法律空白亟须及时填补。与此同时，应当破除行政障碍和体制机制藩篱，支持县级以上人民政府发布地震预警，出台综合性地震预警管理办法，推动各级应急管理部门尽快授权开通全国电视、手机地震预警服务。

附　录

1. 中国地震预警大事记

2000 年：

中国地震局启动地震预警研究。

2008 年：

汶川地震后，王暾博士回国成立成都高新减灾研究所，专注地震预警研究。

2009 年：

中国地震局启动国家发改委批复的"地震社会服务工程"项目，其中包括在首都圈和兰州建设地震预警系统。

2010 年：

11 月，汶川地震预警网开始建设。

2011 年：

4 月，中国首次地震预警信息发出；

9 月，地震预警开始服务中国公众。

2012 年：

5 月，中国首个电视地震预警启用；

9 月，中国首个地震预警技术系统通过省部级科技成果鉴定。

2013 年：

2 月，中国首次预警破坏性地震；

3 月，中国建成世界最大地震预警系统，覆盖面积 40 万 km^2；

4 月，成功预警四川芦山 7 级强震，是中国首次成功预警 7 级强震；

5 月，成都市地震预警和烈度速报工程率先在全国通过验收。

2014 年：

3 月，中国危化行业首次实现地震预警；

4 月，防震减灾示范学校应用地震预警纳入成都十大民生工程；

10 月，中国首个地震预警地方标准启用。

2015 年：

1 月，中国首个政务微博发布地震预警；

3 月，中国建成覆盖我国地震区 90%人口（6.6 亿人）的地震预警网；

5 月，中国首批地震预警应急广播在川滇启用；国家预警信息发布中心、国家减灾中心启用地震预警；

8 月，"一带一路"国家尼泊尔开始建设地震预警工程。

2016 年：

4 月，大陆地震预警网与尼泊尔地震预警网实现跨国互联互通，地震预警服务国家"一带一路"倡议；

7 月，地震预警首次被列入保险范围。

2017 年：

2 月，中国首个核电站地震预警系统启用；

3 月，西昌卫星发射中心启用地震预警；

5 月，中国地震预警系统亮相联合国多灾种预警会议；

8 月，成功预警四川九寨沟 7.0 级强震。

2018 年：

3 月，福建省政府宣布拟在 3 年内所有学校、广播电视、手机等应用地震预警；

5 月，我国首批市州电视地震预警启用，后延伸至四川地震区所有 13 个市州；成都高新区 80%社区启用地震预警；成都高新减灾研究所地震预警成果被中央电视台列为汶川地震 10 年来我国地震应急领域 5 大成果之一。

2019 年：

6 月，四川长宁 6.0 级地震被成功预警，超过 25 亿人次观看新闻，民众高度肯定，国内外网友纷纷点赞；

7 月，国家中心城市、四川省省会成都市，在成都市委、市政府的领导和支持下，依法授权开通成都市电视、手机地震预警服务；

8 月，成都高新减灾研究所与印度尼西亚国家地震局联合开建印度尼西亚地震预警系统，全球 6 个国家具有地震预警能力，"四川智造""成都智造"支撑其中的 3 个国家；

10 月，电视地震预警服务延伸至四川省所有 21 市州；

11 月，小米集团与成都高新减灾研究所合作，全球首个接入地震预警功能的手机、电视操作系统启用。

2020 年：

5 月，中国地震预警成果首次成功预警印度尼西亚破坏性地震；"大规模地震预警和烈度速报系统"被评价为国际领先水平；

11 月，华为手机操作系统内置地震预警功能，标志着国产四大手机厂商全部接入地震预警；中国地震局与成都高新减灾研究所签署合作备忘录，共建中国地震预警网，共同提供地震预警信息服务；

12 月，成立中国地震局地震预警技术研究成都中心。

2021 年：

5 月，电视地震预警已经覆盖四川 21 个市州 183 个区市县；成都高新减灾研究所建设的地震预警网延伸至川藏铁路沿线，具备服务"超级工程"的地震预警能力；

6 月，成都高新减灾研究所和小米集团共同宣布，中国首个手机地震监测预警网上线启用，将实现"有人的地方，就有地震预警能力"。

2022 年：

4 月，成都高新减灾研究所与小米集团、印度尼西亚国家地震局开启印度尼西亚手机地震预警服务。

2. 中国预警的破坏性地震统计

ICL地震预警技术连续预警网内 76次破坏性地震一览

2013.02.19	2013.04.17	2013.04.20	2013.04.25	2013.11.16
云南巧家4.9级	云南漾濞5.0级	四川芦山7.0级	四川宜宾4.8级	云南东川4.5级
1	2	3	4	5

2014.05.24	2014.05.07	2014.04.11	2014.04.05	2013.11.28
云南盈江5.6级	云南元谋4.7级	四川理县4.8级	云南永善5.3级	云南祥云4.6级
10	9	8	7	6

2014.05.30	2014.06.10	2014.07.29	2014.08.03	2014.08.17
云南盈江6.1级	四川青川4.8级	四川犍潼4.9级	云南鲁甸6.5级	云南永善5.0级
11	12	13	14	15

2014.11.15	2014.11.12	2014.10.07	2014.10.01	2014.09.06
甘南景泰4.7级	四川康定6.3级	云南景谷6.6级	四川凉山5.0级	河北涿鹿4.3级
20	19	18	17	16

2014.11.25	2014.12.06	2014.12.06	2015.01.14	2015.03.01
四川康定5.8级	云南景谷5.8级	云南景谷5.9级	四川乐山5.0级	云南沧源5.5级
21	22	23	24	25

2016.05.18	2015.10.30	2015.04.15	2015.04.15	2015.03.09
云南洱源5.0级	云南保山5.1级	内蒙古阿拉善左旗5.8级	甘肃临洮4.5级	云南嵩明4.5级
30	29	28	27	26

2016.09.23	2017.01.28	2017.02.08	2017.03.27	2017.05.04
四川理塘4.9级	四川筠连4.9级	云南鲁甸4.9级	云南漾濞5.1级	四川珙县4.9级
31	32	33	34	35

2018.02.09	2017.09.30	2017.08.08	2017.07.23	2017.07.17
云南景洪4.9级	四川青川5.4级	四川九寨沟7.0级	吉林松原4.9级	四川青川4.9级
40	39	38	37	36

2018.05.28	2018.08.13	2018.08.14	2018.09.08	2018.09.12
吉林松原5.7级	云南通海5.0级	云南通海5.0级	云南墨江5.9级	陕西宁强5.3级
41	42	43	44	45

2019.02.25	2019.02.24	2019.01.03	2018.12.16	2018.10.30
四川荣县4.9级	四川荣县4.7级	四川珙县5.3级	四川兴文5.7级	四川西昌5.1级
50	49	48	47	46

2019.05.18	2019.06.17	2019.09.08	2019.12.18	2020.02.03
吉林松原5.1级	四川长宁6.0级	四川威远5.4级	四川资中5.2级	四川青白江5.1级
51	52	53	54	55

2021.05.21	2021.05.21	2021.05.21	2020.07.12	2020.05.18
云南漾濞5.0级	云南漾濞6.4级	云南漾濞5.6级	河北唐山5.1级	云南巧家5.0级
60	59	58	57	56

2021.05.21	2021.06.10	2021.06.12	2021.09.16	2021.12.24
云南漾濞5.2级	云南双柏5.1级	云南盈江5.0级	四川泸县6.0级	老挝6.0级
61	62	63	64	65

2022.06.10	2022.06.01	2022.05.20	2022.04.06	2022.01.02
四川马尔康5.8级	四川芦山6.1级	四川汉源4.8级	四川兴文5.1级	云南宁蒗5.5级
70	69	68	67	66

2022.06.10	2022.06.10	2022.09.05	2022.10.22	2022.11.19
四川马尔康6.0级	四川马尔康5.2级	四川泸定6.8级	四川泸定5.0级	云南红河5.0级
71	72	73	74	75

				2023.01.26
				四川泸定5.6级
				76

附图 1　中国预警的破坏性地震统计

3. 中国地震局印发《中国地震预警网地震预警信息发布指南（内部试行）》

中国地震预警网地震预警信息发布指南

（内部试行）

第一条 为规范中国地震预警网面向社会公众的地震预警信息发布工作，依据《防震减灾法》《突发事件应对法》等相关法律法规，结合地震预警工作实际，制定本指南。

第二条 中国地震预警网由中国地震局主管，中国地震台网中心牵头组织建设的国家地震预警网和成都高新减灾研究所等单位建设的地震预警网融合组成，各省级地震局和中国地震局地震预警技术研究成都中心（成都高新减灾研究所）等单位负责运行维护。

第三条 各级地震部门或机构负责本行政区域内中国地震预警网地震预警信息发布管理工作，省级地震局指导市县地震部门或机构开展地震预警信息服务工作。

第四条 中国地震预警网为地震预警信息发布提供震级、发震时间、震中位置以及预估烈度场等基本信息。

第五条 地震预警信息发布的内容应包括预警等级、预警提示和预估烈度，根据具体发布方式可增加预警倒计时、震级、发震时间、震中位置参考地名等。

第六条 地震预警等级原则上根据预警目标区预估烈度（以下简称预估烈度）分为四级，分别用红色、橙色、黄色和蓝色

— 2 —

标示。

红色、橙色预警属于灾害性地震预警，红色对应预估烈度7度及以上，橙色对应预估烈度5-7度（含5度）；黄色、蓝色预警属于告示性地震预警，黄色对应预估烈度3-5度（含3度），蓝色对应预估烈度3度以下。

第七条 各级地震部门或机构应根据本行政区域发布地震预警可能产生的社会影响等情况，研究确定本行政区域中国地震预警网地震预警信息发布阈值，省级发布阈值原则上不低于预估烈度3度。

第八条 预警提示分为安全避险提示和告知性提示，应采用简洁、直观、明确的规范性语句。

红色、橙色预警应提供安全避险提示。

黄色、蓝色预警应提供告知性提示。

第九条 地震预警的警报方式分为警告性警报和告知性警报，可综合运用图像、文字、声音、灯光等方式进行预警。

红色、橙色预警应采用警告性警报方式，黄色、蓝色预警应采用告知性警报方式。

第十条 地震预警信息发布方式包括电视、应急广播、手机、互联网和专用终端等。

第十一条 地震预警信息发布应积极拓展第三方传播渠道，扩大地震预警信息发布覆盖面。

第三方转发地震预警信息，应满足地震预警的整体时效性要求和信息到达的时间一致性要求。

第十二条 地震预警信息发布实行快速动态更新发布机制。

地震预警目标区预估地震烈度显著变化，并导致预警等级发生变化时，应对地震预警信息进行快速更新发布。

第十三条 地震预警系统误触发，且无实际地震发生时，应及时发布地震预警误报提示信息，中止地震预警行为。

第十四条 鼓励社会力量在中国地震预警网提供基本信息服务的基础上，积极开展中小学、社区、危化企业等基层的预警信息服务，积极探索高层建筑、地下轨道交通、大型综合体等重要基础设施预警技术服务。

第十五条 本指南由中国地震局解释。

中国地震局办公室　　　　　2021 年 1 月 21 日印发

— 4 —

致　谢

本书汇集了 2008 年汶川大地震以来，王暾博士创建成都高新减灾研究所，与合作者在地震预警的研发、成果应用等方面的成果。由于地震预警兼具科学性、公共安全性、公益性。成都高新减灾研究所取得的地震预警成绩是党和政府领导的结果，是各级人大、政协关心、支持的结果，是各级组织部、科技部门、应急部门、地震部门、广电部门、司法部门、侨联、侨办、宣传部门、四川大学等关心和支持的结果，是中国地震局、省地震局、市县地震部门协同努力的结果，是国家、四川省、成都市、成都高新区支持的结果，是中国地震局、省地震局、市县地震部门专家，以及美国、日本等国专家支持的结果，是手机、电视生产企业支持的结果，是众多媒体密切关注和宣传的结果，是参与研发、技术试验、社会试验、工程试验、政策法规研究协同努力的结果。

成都高新减灾研究所取得的地震预警成绩还是国家人才政策、创新创业政策、政府购买服务政策、"放管服"政策、管干分开政策支持的结果。

成都高新减灾研究所取得的系列成果还得到了国家科技支撑计划、国家创新基金、四川省科技支撑计划、四川省重大科技成果专项项目、四川省科技创新人才项目、四川省工业发展资金项目、成都市重大科技应用示范项目、高新区重点研发项目等科技项目的支持以及国家、四川省、成都市、高新区等高层次人才项目的支持。

特别感谢四川省政府、成都市政府、成都高新区管委会、汶川县政府、北川县政府等各级各地政府机构，感谢应急管理部、中国地震局、四川省地震局、四川省应急管理厅等部门的大力支持。

特别感谢四川大学的支持。

特别感谢来自云南省地震局、福建省地震局、成都市防震减灾局、成都市安监局、中国地震局地球物理研究所、中国地震局工程力学研究所、汶川县防震减灾局、北川县防震减灾局、宜宾市防震减灾局、德阳市防震减灾局、滁州市地震局、雅安市防震减灾局、乐山市防震减灾局、眉山市防震减灾局、凉山州防震减灾局、攀枝花市防震减灾局、昆明市防震减灾局、昭通市防震减灾局、玉溪市防震减灾局、红河州防震减灾局、丽江市防震减灾局、怒江州防震减灾局、迪庆州防震减灾局、曲靖市防震减灾局、西安市地震局、汉中市地震局、宝鸡市地震局、渭南市地震局、咸阳市地震局、陇南市地震局、天水市地震局、平凉市地震局、白银市地震局、济南市地震局、潍坊市地震局、临沂市地震局、烟台市地震局、枣庄市地震局、菏泽市地震局、东营市地震局、济宁市地震局、太原市地震局、运城市地震局、张家口市地震局、邢台市地震局、唐山市地震局、松原市地震局、大庆市地震局、毕节市地震局、宜昌市地震局等各地防震减灾部门，以及中国科技大学、日本防灾研究所、台湾大学等单位的国内外大量专家的无私帮助。

特别感谢《人民日报》、新华社、中央广播电视总台、中新社、《科技日报》、《中国日报》、《四川日报》、《华西都市报》、《成都日报》、《成都商报》、成都高新融媒体、人民网、四川在线、《中国青年报》、《中国经济时报》、《文汇报》、《大公报》、四川电视台、成都电视台、《华西都市报》、《天府早报》、《科技日报》、《南方周末》、《21世纪经济报道》、《南方都市报》、东方卫视、《新京报》、《京华时报》、《成都晚报》、《香港商报》、《四川工人报》、《新京报》、《环球时报》、凤凰网、腾讯新闻、百度新闻等媒体的宝贵支持。

特别感谢（排名不分先后）以下同志对成都高新减灾研究所的地震预警工作的支持：闪淳昌、闵宜仁、阴朝民、许绍燮、陈会忠、朱建钢、龚宇、陈天长、崔建文、顾建华、金星、雷建成、张永久、余书明、苏金蓉、周玮、周孟林、杨品华、莫于川、莫纪宏、苏茂、安心灵、杨更生、马正全、黄晓瑞、杜文康、周孟林、杨品华、李山友、宋彦云、张海江、马强、周玮、杜兵、陆贵全、肖明德、张长根、肖亚西、袁海良、徐水森、郑松林、董瑜、庄永洪、邱向东、尹力、张明、顾林生、邹刚、闫振彪、雷军、方毅、张洁、刘峙宏、孙旭军、陈明永、陈海泉、李伟星、王宝林、朱汐、王乐、王栋、常洋、张欢、胡江涛、孙矞、杨俊峰、张凯亮、张涛、潘杰、黎宏伟、莫建强、陈刚、王茂涛、吴庆平、欧垫竹、彭崇实、阳夷、李超、胡小凯、周迪迪、樊承志、白璐、黄鹂、杨华、童芳、张海磊、盛利、李果、白皓、尹响、刘涛、韩清华、杨予頔、贺劭清、王鑫昕、吴怡菲、朱虹、郭洪兴、黄志凌、郭代勤、葛熹、王玥、郑其、马工枚、雷琰、李颖、王江、陈实、李晋、李松柏、邹辉、周林、刘丹陵、李洪仁、张宗源、陈永章、陈文、赵辉、王辉、吕栋武、王小川、唐小涛、安明智、王建平、韩利红、王俊、周蓉、郭伟、顾鹏、陈旭、李言荣、彭汉书、孙力、唐华、甯乾文、王庆生、于明辉、李德、林云、罗强、杨兴国、唐忠柱、刘以勤、文甡、叶翠珍、王包、仇明杰、余辉、方存好、曹俊杰、严卫东、侯建民、段毅君、田涛、鲜圣、赖永斌、杨超、陈佳慧、藏田、杨晓源、李翔、王春良、罗轶、李娜、黄建芸、吴群刚、陈学华、牟朝志、徐安熊、陈光富、李向红、刘江林、张国军、刘国军、陀敏、梁刚、张启明、李滔、王绍昆、钟宏伟、黄声德、刘万全、章青健、王光元、张阳、步映强、李正国、朱小平、廖旭、杜兵、肖云峰、马力宁、丁广林、徐勇、曾凡伟、董绍棠、张树磊、张学阳、王大勤、杨登部、王世忠、游永祺、李建滨、钟璐雅、张一、郑宗、乔雨婷、王深、陈光明、巩生文、环江红、周仕伦、戴放、牟治根、杨学文、苟建、罗明、屈红星、谢振乾、汪涛、张峰虎、邢晴汉、张晓东、王磊、杨树凯、何砂、陈强、王萍、张蒙、张哲、李保安、任远昊、台小明、孟维斌、杨小平、秦永红、马创元、赵赪民、邱玉山、张晓峰、唐晓宇、杜贻合、徐波、屈召富、马建东、朱士泉、闫洪朋、马志钢、肖洋、肖武军、朱静宁、崛内茂木、Richard Allen、吴逸民、黄闻、赖敏、安明智、姬建、王春慧、晏碧云。

　　成都高新减灾研究所得到了社会各界的全方面支持，在此难以一一罗列，敬请谅解。我们期待与各界继续共同努力，让地震预警和多灾种预警更好服务中国民生，让中国地震预警和多灾种预警服务世界，服务人类命运共同体的安全篇章。

后 记

2008 年汶川大地震 15 年来，我国地震预警领域取得了突出成果：从无到强，建立了全球领先的地震预警技术；从无到广，建立了覆盖面积全球最大的地震预警网；从无到大，建立了全球用户规模最大的地震预警网。

这些成果是汶川大地震催生的结果。

这些成果是党和政府领导的结果。

这些成果是应急管理部、中国地震局领导的结果。

这些成果是我国创新创业双创政策支持的结果。

十五周年时，我国需要继续完善地震预警政策法规，提升地震预警"最后一公里"应用水平，推动全球地震预警事业不断进步。

十五周年时，我们正努力提升多灾种预警技术体系，助力联合国 2022 年提出的"Early Warnings For All"，服务人类命运共同体的安全篇章。

在汶川地震十五周年后，在中国特色社会主义新时代，我们充满信心。

参考文献

[1] 中国地震局. 坚持以人民为中心发展理念 加快建设地震预警服务体系[EB/OL]. （2020-09-27）[2023-01-02]. https://www.cea.gov.cn/cea/ldzc/4634273/4634276/ 5554612/index.html.

[2] 史际春，肖竹. 公用事业民营化及其相关法律问题研究[J]. 北京大学学报（哲 学社会科学版），2004（4）：79-87.

[3] 林鸿潮. 公共应急管理中的市场机制：功能、边界和运行[J]. 理论与改革， 2015（3）：112-115.

[4] 王克稳. 政府业务委托外包的行政法认识[J]. 中国法学，2011（4）：78-88.

[5] 建设部. 关于加快市政公用行业市场化进程的意见：建城〔2002〕第 272 号 [A/OL]. （2008-09-23）[2023-01-02]. http://cgj.sz.gov.cn/zwgk/zcfg/srhjwsgl/content/ post_2126070. html.

[6] 林鸿潮. 应急法概论[M]. 北京：应急管理出版社，2020：192-194.

[7] 贝克. 风险社会[M]. 何博闻，译. 南京：译林出版社，2004：20-21.

[8] 王灿发，于文轩. 生物安全的国际法原则[J]. 现代法学，2003（4）：128-139.

[9] 金自宁. 风险行政法研究的前提问题[J]. 华东政法大学学报，2014（1）：4-12.

[10] 赵鹏. 风险、不确定性与风险预防原则：一个行政法视角的考察[J]. 行政法 论丛，2009（0）：187-211.

[11] 宋华琳. 风险规制与行政法学原理的转型[J]. 国家行政学院学报，2007（4）： 61-64.

[12] 张红才，金星，李军，等. 地震预警系统研究及应用进展[J]. 地球物理学进 展，2013，28（2）：706-719.

[13] 傅蔚冈. 合规行为的赔偿机制：基于风险社会的视角[J]. 交大法学，2011（1）： 14-42.

[14] 宋华琳. 风险规制与行政法学原理的转型[J]. 国家行政学院学报，2007（4）： 61-64.

[15] 赵鹏. 我国风险规制法律制度的现状、问题与完善——基于全国人大常委会执法检查情况的分析[J]. 行政法学研究，2010（4）：119-126.

[16] 郭凯，温瑞智，卢大伟. 地震预警系统应用的社会影响调查与分析[J]. 自然灾害学报，2012，21（4）：108-115.

[17] 杜仪方. 日本预防接种行政与国家责任之变迁[J]. 行政法学研究，2014（3）：22-32.

[18] 刘水林. 风险社会大规模损害责任法的范式重构：从侵权赔偿到成本分担[J]. 法学研究，2014，36（3）：109-129.

[19] 姜明安. 行政法与行政诉讼法[M]. 北京：北京大学出版社，2011.

[20] 王太高. 行政补偿范畴研究[J]. 南京大学法律评论，2005（1）：162-175.

[21] 国务院. 疫苗流通和预防接种管理条例：国令第434号. [A/OL]. （2008-03-28）[2023-01-02]. http://www. gov. cn/zhengce/content/2008-03-28/content_6250.htm.

[22] 姜明安. 行政补偿制度研究[J]. 法学杂志，2001（5）：14-18.

[23] 傅蔚冈. 合规行为的赔偿机制：基于风险社会的视角[J]. 交大法学，2011（1）：14-42.

[24] 李敏. 风险社会下的大规模侵权与责任保险的适用[J]. 河北法学，2011，29（10）：9-16.

[25] 四川在线. 我国地震预警首次被列入保险范围 最高可获500万元赔偿[EB/OL]. （2016-08-02）[2023-01-02]. https://www.sc.gov.cn/10462/12771/2016/8/3/10390632. shtml.

[26] 林鸿潮，王筝. 地震速报预警的法律挑战——政企关系、风险与责任[J]. 行政法学研究，2016（4）：84-96.

[27] 中国新闻网. 2022年国际灾害预警科技与服务创新论坛在成都举行[EB/OL]. （2022-12-11）[2023-01-02]. http://www.chinanews.com.cn/gn/2022/12-11/9913011.shtml.

[28] 曾露，田兵伟，王暾，等. 地震预警服务进展及其国际比较[J]. 灾害学，2022，37（2）：138-144.

[29] 齐力. 为研制准确的地震预警系统，美国等国科学家将对地表运动进行测量[J]. 复印报刊资料（世界地理），1981（11）：12-13.

[30] 连尉平，李玉梅，刘培玄，等. 2020 年防震减灾公共服务现状和地震预警需求全国公众调查结果研究[J]. 地震学报，2022，44（4）：700-710.

[31] 陈晓燕. 地震预警科普宣传工作要点[J]. 祖国，2017（11）：282.

[32] 樊依玲，张正霞，兰思萱. 地震预警科普宣传策略分析[J]. 山西地震，2021（4）：51-53.

[33] 郭凯，温瑞智，杨大克，等. 地震预警系统的效能评估和社会效益分析[J]. 地震学报，2016，38（1）：146-154.

王暾，男，1974 年生，四川省第十三届、第十四届人民代表大会代表，中国共产党成都市第十四次代表大会代表，现任四川大学自然灾害预警中心主任、教授，中国地震局地震预警技术研究成都中心主任，地震预警与多灾种预警四川省重点实验室主任，成都高新减灾研究所所长，国家海外引进高层次人才，国家特聘专家。

　　2008 年汶川大地震后，王暾博士回国创办成都高新减灾研究所，专注地震预警与多灾种预警科技创新及成果转化。由于在灾害预警领域的突出贡献，他先后被温家宝总理、李克强总理接见，当面向两位总理汇报地震预警和多灾种预警技术研究成果及应用进展。

　　汶川大地震 15 年来，王暾博士带领团队研发了全球领先的具有中国自主知识产权的地震预警系统，使我国成为全球第三个具有地震预警能力的国家。该成果还出口到尼泊尔、印度尼西亚，使得全球 6 个具有地震预警能力的国家中有 3 个国家由中国预警成果支撑。近年来，成都高新减灾研究所研究方向从地震预警向多灾种预警延伸，组建了全国首个多灾种预警工程技术研究中心，构建了涵盖"天-空-地-地下"40 多种立体数据源的多灾种预警系统，已预警 76 次破坏性地震，以及滑坡、泥石流、沉降、山洪、山火等 977 次自然灾害。成都高新减灾研究所与华为、小米、百度、TCL 等顶尖企业合作，打通了面向亿级用户秒级响应的手机、电视等灾害预警信息传递"最后一公里"。

　　汶川大地震 15 年来，王暾博士与合作者共同助力推动了我国地震预警领域政策法规的制定和治理体系的完善。2020 年 11 月 20 日，中国地震局与成都高新减灾研究所签署合作备忘录，共建中国地震预警网。